俄狄浦斯情结

精神分析最关键的概念

L'Œdipe: Le concept le plus crucial de la psychanalyse

［法］简-大卫·纳索（J.-D. Nasio）／著

张　源／译

中国轻工业出版社

图书在版编目（CIP）数据

俄狄浦斯情结：精神分析最关键的概念／（法）简－大卫·纳索（Juan David Nasio）著；张源译. —北京：中国轻工业出版社，2017.1（2025.9重印）
ISBN 978-7-5184-1081-1

Ⅰ.①俄…　Ⅱ.①简…②张…　Ⅲ.①精神分析学派　Ⅳ.①B84-065

中国版本图书馆CIP数据核字（2016）第202094号

版权声明

© 2005, 2012, Editions Payot & Rivages

保留所有权利。未经中国轻工业出版社书面授权，任何人不得以任何方式（包括但不限于电子、机械、手工或其他尚未被发明或应用的技术手段）复印、拍照、扫描、录音、朗读、存储、发表本书中任何部分或本书全部内容（包括但不限于光盘、音频、视频等）。中国轻工业出版社未授权任何机构提供源自本书内容的电子文件阅览、收听或下载服务。如有此类非法行为，查实必究。

责任编辑：戴　健　　　责任终审：杜文勇
策划编辑：戴　健　　　责任校对：刘志颖　　　责任监印：吴维斌

出版发行：中国轻工业出版社（北京鲁谷东街5号，邮编：100040）
印　　刷：三河市鑫金马印装有限公司
经　　销：各地新华书店
版　　次：2025年9月第1版第5次印刷
开　　本：880×1230　1/32　印张：5.25
字　　数：74千字
书　　号：ISBN 978-7-5184-1081-1　定价：25.00元
读者热线：010-65181109
发行电话：010-85119832　　010-85119912
网　　址：http://www.chlip.com.cn　　http://www.wqedu.com
电子信箱：1012305542@qq.com
版权所有　侵权必究
如发现图书残缺请拨打读者热线联系调换
251570Y2C105ZYW

译者序

在翻译本书作者 Nasio 教授的另一本书——《沙发上的精神分析家》时，令我印象尤其深刻的地方，就是 Nasio 教授的教学主张："我致力于让学生听得清晰而明了。教人学习好比培育那些已经诞生却还没成熟的萌芽，换句话说就是要让学生意识到那些在他们身上新生的理念，并且教给他们发展它的方法。陈述清晰的理念总是给予人鲜明的印象。在那些善教的老师的课堂最后，你总会愉快地发现，结合你课堂上听过的知识，你自己就已经知道最后的总结或结论了，尽管老师还没有说。这就是我们都在追求的清晰明了，它让我们学习、进步，获得鼓舞并激励我们思考。而这一切，带给了我们幸福。"

近些年，随着国内心理学读物越来越多，精神分析类读物也越来越丰富。但是一旦涉及专业领域，我观察到读者往往难以衔接理论之间的关系，导致断崖式的迷茫。拿弗洛伊德的文献资料来举例——国内也有出版，编撰得很全，翻译得也好，但是许多精神分析的初学者从第一页开始看之后，却出现一个最直接的反应：

看不懂。

这很真实。原因很简单：弗洛伊德在已经具备了相当博学的知识之后，才开始着手精神分析的研究。而初学精神分析的朋友每个人的知识储备与专业背景情况均存在不同，又怎么可能一读就懂呢？

所以我们把某些专业书称为文献，而不是教材。文献的读者群是已经具有一定专业学习与积累的人。

怎样才能让一本书既是专业文献，又能做教材呢？

这就涉及两点：第一，要把专业内容分布以及提纲挈领规划得非常清晰；第二，设定的读者人群不但包括具有专业学习与积累的人，更要包括零基础的人群，甚至是学得不明白的人群。

而这两个要求，恰巧是 Nasio 教授在巴黎第七大学教学 30 年的努力目标。

当我翻译这本书的时候，我的第一直观反应就是清晰明了。男孩的情况，女孩的情况，答疑环节，症状与情况的归类解读等一目了然。尤其是每个篇章结束后附上加以说明的图表，这不仅是在说专业理论，更是把教学当作一种艺术在对待。对于初学者来说，这作为教材来用真是太棒了。而对于有一定专业学习基础的人，恰巧又可以查漏补缺，难怪本书被纽约大学读书协会评价为"大学生必读的 100 本书"之一。

既然作者都可以把如此复杂的东西清晰地呈现出来，我翻译的文字也应该致力于让读者轻松一些。在不改变原意的情况下，我采用了一些调整语言的方法，主要体现在两个方面：第一，就是断句。比如拉丁语系会用许多很长的复合句来对事情进行描述，直译过来会因为阅读逻辑习惯的不同导致读者会很辛苦，那么我会把握句子的结构，把它断成多个简单短句，这样读者会轻松许多。第二，做注解。不能改变作者的原意，又存在一些专业名词需要解释，并且说明一些译本之间存在的差异,那只能多做注解了。比如"俄狄浦斯情结"以前曾经翻译为"恋母情结",虽然现在这个翻译已经渐渐被废弃,但是很多读者查阅资料的时候还是会查到,那么就要向读者说明,这两个词原词是一样的,只是"恋母情结"这个翻译存在问题而逐渐被弃用。再比如"Phallus"这个词,英语和法语文献这个专业词汇是一致的,但是中文的翻译却很多,有"阳具、阳型、石祖、菲勒斯"等,那么就应该注明该词的意义以及与"penis"即阴茎一词在精神分析中的区别。这样就可以帮助读者理解其他文献以及此译本,消除因为翻译而衍生的理解困难。

翻译过程中我发现,因为 Nasio 教授原籍是阿根廷,所以描述中还使用了很多西班牙语的文雅风格。我也尽量能翻译得准确、简洁。如果书中译文有不当之处,敬请读者批评指正。

张源

2016 年 6 月 27 日

中文版序言

中国的诸位读者，我非常荣幸能够在这里告诉诸位，在您手中的这本书，是我作为一名精神分析家，通过长年累月接待来访者，并依据这些工作进行的观察、反思以及研究之后而凝聚的结果。有时候我问自己：为了写这本书，我究竟花了多长时间？可叹啊！"十年"！是的，自从我第一次在研讨会上关于俄狄浦斯情结做课题报告开始，之后为其开始着笔，已经过去十年了！

为什么要关于这个既著名又普通的主题写一本书呢？关于俄狄浦斯情结这个主题，几乎所有著名的图书馆都存有它的资料。但是，我对俄狄浦斯情结的感受是这样的：尽管它普遍流传，但对于普通大众而言，他们依然停留在对这个概念糟糕的理解之中。于是我决心，经由那些精神分析的奠基人——弗洛伊德（奥地利）、拉康（法国）、梅兰妮·克莱因（英国）以及温尼科特（英国），还有其他的伟大的精神分析家们——他们奠基了俄狄浦斯情结，那么就让我来重拾一切，去写下关于俄狄浦斯的一切。于是，我重新深入学习了俄狄浦斯情结，就好似我什么都不懂那般，经过再次学习让这一切变得更明白。诸位请注意我应用的这种方法，即所谓的让我回到无知状态，我每次写书的时候都用这种方式。我认为，精神分析这一门学科，对精神分析家有着苛刻的要求，所以分析家无论多大年龄，都要时刻准备着从零开始——对于精神分析中的那些概念，分析家要重新成为学生。

因此，我的方法是什么？我是怎样来对待写一本书的？首先，我选择一个并非精心准备的题材，例如"痛苦"或者"负罪感"；然后，投入大量的精力去完善和拓展，正如《俄狄浦斯情结》一书这样。在开始写书的时候，我告诉自己："我什么也不懂"，正如您刚刚开始初学时的状态那样，来学习这些基础原理。渐渐地随着时间的推移，我先融会贯通这些论据定位的首要轴线，这些轴线将作为引出文章的构架主干。接着在这些主干引导下，用我的话说，就是为了构成一幕戏，开始的情节要通过几个角色的出场，在戏剧化高潮的那一刻以及落幕之时事件解决，这就是给读者揭示这些论题概念的用处。我将之称为"把概念戏剧化"。

这其中有个重要细节。那就是：我总要通过坚持不懈的工作与学习来探索这个概念，直到将它融会贯通并把它变成我自己的东西。我从不探求让它作为原型存在。开始的时候，我尤其想搞明白并且想征服这个概念，但这种方法没有任何革新。什么是创新？如果是创新，那它单纯地娓娓而来，正是那增加出来的部分，是研究之前没有的部分。因此，一旦读完这本书，独创性就会显现出来。所谓独创性，就是通过我给出的那些句子，通过展现问题的方法，以及特别是通过刚才我告诉诸位的方法——即让自己归零而无需忧虑，我用这种方式存在并且写书——这三部分都会被诱发出来。而我挑选的那些词语，篇章之间的蒙太奇，以及我努力追求让那些复杂概念回归简单至清晰明了，这还是三个组成部分。这个"三步法"让我的理论作为一个原创性的理论。

这就是我写下《俄狄浦斯情结》一书的方法。

我还想跟诸位强调一下贯穿这些篇章的建议。主导思想是，俄狄浦斯情结是一个人类生命体身上完全第一次的神经症。俄狄浦斯情结是一个健康的神经症，是生命中的第一次神经症——第二次发生在青春发育期。为什么说俄狄浦斯情结是一个健康的神经症？因为俄狄浦斯情结在通过孩子对外探索期间，他的妈妈或爸爸都是在性上被欲望以及欲望的人，这就重组了许多形成的感觉。这是孩子第一次在生命中，例如一个小男孩在性上及肉欲上欲求他的母亲。对于他而言，这不再只是涉及母亲的乳房、他的嘴以及他的肌肤，而是孩子欲求着母亲整个人：她的身体、她的头，更是欲求她散发出来的魅力。当我说"魅力"的时候，这是为了强调母亲，她也同样欲求着，并且她的魅力不是别的，正是女性肉欲的体现。然后孩子欲求一个母亲，而在母亲这边，并非感觉不到对孩子的欲望。但是为什么俄狄浦斯情结是个神经症？因为这时候的孩子——比如这里说的小男孩，他将发现自己被窘在一个母亲之中，这并非出自他是否情愿，但这个母亲使他兴奋，并且也克制了他的兴奋。所谓神经症是什么？神经症就是在我们情感的关系中出现了一个内在的痛苦，这情感关系关乎着我们爱的人、欲求的人、害怕的人，以及甚至我们恨的那些人。神经症的内在冲突，是同时体验到对于同一个人出现的矛盾感觉，这个人可以是母亲、父亲、兄弟……也可以是我们的配偶，甚至我们的老师。总之，神经症是同一时刻受到的感觉，那些矛盾的感觉朝向的那些人——那些人看重我们，并且我们在情感上依赖那些人。我刚才说到"老师"，但是倘若这个老师不看重您，并且您也没感觉在情感上依赖他，那么您将不会在他那边有神经症的举止。简单来说，这就是矛盾感觉的情结——爱、欲望、害怕以及恨——孩子生活在俄狄浦斯情结期中。俄狄浦斯情结的孩子是与其父母如同恋人般的孩子，被父母兴奋，并且同时被父母检禁。这个小神经症患者，在他的爱、欲望、被斥责的害怕以及对于双亲作为禁止人的愤怒中纵横四分。

这就是为什么俄狄浦斯情结是人类生物在精神分析的视角下作为中心。那么作为人类生物的存在，对于精神分析家又是什么呢？例如，对于经济学家而言，人类生物的存在，是生产者、分配者以及资源的消费者；但对于精神分析家而言却不是这回事，人类生物的存在是爱的存在、欲望的存在、害怕的存在以及恨的存在。人将朝向一个他者，他爱这个他者并且这个他者爱他，他欲求与之身体接触，他害怕对其过度依赖，同时又对其感受到恨的生命冲动。为什么会恨？因为对其之所爱，亦对其之所欲，所以不可避免地，在这个他者之处出现失望和沮丧。对于我们精神分析家，人类生物的存在是一个爱的存在，是拥有机会与伴侣分享生命这欲望的存在，这个伴侣会为之满意，也为之沮丧。

然后我们会说，难道爱就是神经症？那些小男孩、小女孩在他们成年之后，所有一切亲身经历的爱恋关系，都是通过俄狄浦斯情结在这个 5 岁时的过去经历作为原型变化而来。当然这其中还包括文化，是法兰西文化还是中华文明？好吧！让我们通过这本书来讲：爱，是最美妙也是最必要的神经症！

J.-D. Nasio

2016 年 2 月 22 日于法国巴黎

没有孩子可以逃脱俄狄浦斯情结！*我要告诉你的俄狄浦斯情结近乎于传说：这将解释所有男女对于性最原始的识别与认同，除此之外，还有我们遭受的神经官能症的起源。这个传说涉及儿童，无论这孩子生活在怎样的一个家庭环境——是普通家庭、单亲家庭、重组家庭、甚至是同性恋家庭，或者属于以下任何一种情况的小孩——普通小孩、弃儿、孤儿、社会领养儿……他们均无一例外！他们无一能逃脱或避免俄狄浦斯情结。为什么？因为所有约4岁的小孩，无论男女，都无法逃避色情妄想的冲动洪流涌现在他们身上。而且，他们周围最亲密的人均不可避免地成为了这些冲动的靶子，亦不可避免地对其加以阻止。

---

* 国内也翻译为伊底帕斯情结，恋母情结。——译者注

目 录

开　篇 *1*

第一篇　男孩的俄狄浦斯情结 / *11*

第二篇　女孩的俄狄浦斯情结 / *37*

第三篇　关于俄狄浦斯情结的问答 / *59*

第四篇　俄狄浦斯情结是男人和女人们普通神经症及
　　　　病态神经症的原因 / *85*

第五篇　俄狄浦斯情结症候群 / *99*

第六篇　西格蒙德·弗洛伊德与雅克·拉康关于俄狄
　　　　浦斯情结著作的摘要及注解 / *127*

参考文献 / *146*

参考书目 / *149*

开篇

"孩子和母亲之间的关系,对孩子而言是兴奋与性满足这两者的持续。与此同时母亲表达给孩子的那些感觉,来自于她自身的性欲活动——拥抱、摇篮,这些被认为是完完全全的性对象客体的替代品。如果告诉一位母亲,正是因为她的温柔,而唤醒了孩子的性冲动,可能会令这位母亲非常震惊。母亲会认为她表达出的行为姿态是与性无关的纯粹的爱,根本不存在性欲的成分。因为她照顾孩子时并不存在小孩性器官的兴奋。但是我们明白,性冲动的唤醒不仅仅是局限于生殖区域的兴奋,温柔也能令其兴奋。"*

西格蒙德·弗洛伊德(S. Freud)

---

* 客体:object,国内另一个通用翻译为"对象",而这个原词含有很多意思,例如:强调哲学则翻译为"客体",强调语言学则翻译为"宾语",同时也有"目的"、"物品"等含义。拉康学派强调语言学与哲学,所以法语原词中往往同时包含这些意义。此外,拉康学派还经常借用拓扑数学上的概念与词汇。——译者注

"男孩是其母亲的情人并且想要排斥其父亲，女孩是其父亲的情人并且想要排斥其母亲。"这些话已经是精神分析中老生常谈的口头禅，其来自古希腊的一出关于爱情的著名悲剧：《俄狄浦斯王》。然而，这固化的幻想却在弗洛伊德学派描述的情结中彰显出它的本质。为什么？因为俄狄浦斯情结并非是家长和孩子之间爱与恨的故事，而是一个关于性的故事，这就是所谓的身体得到快乐经历的始末，这其中包括：得到抚慰、拥抱；或是受到侵蚀；或是炫耀；或是审视自己，等等。总之，肉体上可以获得快乐，同样也可以获得痛苦。俄狄浦斯情结并非是一个来自感觉或者温柔这些方面的事物，而是来自于身体、来自于欲望、来自于幻想与愉悦的个人事物。请不要怀疑，父母与孩子之间温柔的爱与恨，这些家庭内部发自内心的爱恨情感，都伴随着性欲的震颤。

俄狄浦斯情结可谓大道无形，它是适宜于成年人的性欲欲望，却是在孩子4岁时的小脑袋瓜和身体中真实存在过的亲身经历，而那时候孩子的父母正是这个客体。这些携带着俄狄浦斯情结的孩子们，快乐却又完全天真无邪，他们性化他们的父母，把自己的幻想引领到这些欲望中的客体身上，模仿他们。然而这并不存在成人世界中的那些性行为与道德行为，也不存在羞耻心。这些是孩子们生命中第一次体验到的，他整个肉体对另外一具肉体产生色情的活动。这其中的关键不再只是嘴唇紧紧地吮吸乳房，而是整个身体完整地拥有母亲的肉体。然而，真实存在的却是，俄狄浦斯的小孩幸福地摇摆于他的欲望之间，更关键的是这些孩子在欲望的快乐和害怕中举棋不定。他们仿佛害怕着某些危险。这些危险是什么？是当看到他自己的身体产生剧烈的热情时,迸发出的混乱和恐慌;是看到自己脑海中的映像时,因为缺少力量而无法驾驭这些情感欲望;以及,想到如果父母成为自己的性伴侣,这会因为乱伦禁忌的律法而受到惩罚。因为欲望而兴奋,因为幻想而幸福并且焦虑,孩子开始迷失,接着这些印象越来越模糊。俄狄浦斯情结的骤变是一种令人难以忍受的长期的折磨。它折磨着孩子并摇摆在情欲的快乐与害怕之间:既存在着狂热的欲望,又害怕欲火熄灭。

而实际上,孩子对此的反应并没有妥协。面对着无所适从的快乐和焦虑,实在没有别的途径把它们统统忘掉或者全部抹杀。是的,俄狄浦斯情结中的孩子,无论是男孩还是女孩,会压抑着那些旺盛的幻想和焦虑,不再把父母当作性伴侣,并且从那时起,开始自发地追求并获得新鲜而合理的欲望客体。如此则逐渐地开始发掘自己的羞耻心,产生罪恶感,感知道德准则,并且奠定他(她)的男性或者女性生命中性的身份。值得强调的是,一旦到达了冲动的间歇,即暂时平静的"关系"的时期*——我特别使用了"关系"这个词——之后到来的青春发育期,将产生第二次俄狄浦斯情结的骤变。4岁时曾经发生的那些印象将再次重现,稚嫩的青少年拥有了全新的身体,他们将再次调整并且适应这灼热的冲动!此时他们的身体因为青春期已经产生了巨大的变化,并且参与许多新的社会活动,同时也因此拥有了新的社会团体。但是对于年轻人而言,这些调整并非容易的事。这也是为何我们和骤变期的青少年沟通困难的原因之一。年轻人仅仅知道平息他们的冲动,仿佛准备结束他的俄狄浦斯情结;而恰恰相反,这激起了他的欲望,同时他变

---

* 即所谓的4岁之后、青春发育期之前。——译者注

得叛逆，但有时候却又相反地镇压了年轻人的猛烈的欲望，使他变得腼腆而内敛。然而无论如何，这座由俄狄浦斯情结铸造的火山，在青春期从未熄灭。哪怕就算沉寂了很久之后，或许已经到达成人的年纪，或者在一些情感冲突的场合，这座火山重新爆发，通过神经症痛苦的形态猛然引爆，如恐惧、歇斯底里、强迫症*。最后，千万不要忘了，俄狄浦斯情结可以自发性地被再次激活，从实验的角度来说，关键体现在神经症的移情上。这一幕可以通过精神分析得到体现。我对此要讲到这个定理：患者和精神分析家之间的移情是俄狄浦斯情结通过行为的重复。

  俄狄浦斯情结是什么？它是在小孩大约4岁的时候，发生的一段过往的经历。不可控制的性欲望过载的这段经历，学会控制自己的冲动，并且逐渐调整以适应这个不成熟身体的界限、初生意识形态的界限、恐惧的界限，总之，在这些心照不宣的**律法**限制下，命令小孩停止把父母继续当作性的客体对象。这就是俄狄浦斯情结骤变的基础："学会疏导溢出的欲望。"在俄狄浦斯情结的影响下，我们的生命中第一次出现了一个声音，面对我们蛮横无理的欲望，它这样强调说："冷静！平息下来！你要学习在社会中生活！"我们也可以得出这样的结论：俄狄浦斯情结仿佛是一条痛苦而神秘的入教之路，经过它，我们把原始而野蛮的欲望变为对社会生活的渴望。这个痛苦的接受过程，如同我们人类的欲望那样，永远也不知道满足。

  但是俄狄浦斯情结不仅仅是成长中性的骤变，它也是在婴幼儿无意识中模拟的一个幻想，由此体现的骤变。事实上，俄狄浦斯情结穿插在过去的经历而引起的震撼早已铭刻在孩子的

---

* 歇斯底里：也称歇斯底里症、癔病、癔症。——译者注

无意识中而且伴随其一生，它体现为一种幻想，定义主体"性的身份"，决定孩子们身上绝大部分的人格品质，然后加以延伸并固定为各种能力，这都是通过处理情感冲动得到的结果。当孩子们被它考验之时，在这俄狄浦斯情结的骤变期，过于早熟、强烈的刺激和绝对的出乎意料带来的快乐与愉悦，即所谓在过度的愉快经历下存在了创伤，这个幻想发展演化的结局，将在未来通过出现的绝大部分各样的神经官能症得到体现。

然而，作为性的骤变期并产生幻想用以模拟无意识轮廓，俄狄浦斯情结不止这些作用。它具有更多的意义。它也是一个概念，在精神分析学派中极其核心的一个重要概念。在对患者做精神分析时，我们集中了他们意识中大量的感觉——那些他们儿时性的经历，我们称之为俄狄浦斯"情结"。对我们分析家而言，这种模式将协助我们思考成年人。这就是俄狄浦斯情结中的小孩，我们都曾经作为这个小孩，体验到对他者的欲望浮出水面，铸造出幻想，同时我们也通过自己的身体或他人的身体得到愉快，害怕被冲动战胜，并且我们最终学会了要克制自己的欲望并且愉快地投入社会。这个理论就是说，今天的人是在穿越了俄狄浦斯情结的孩提时期的试炼之后学会如何克制自己的欲望、自己的脾气、自己的快乐。而且如果精神分析不是这个鲜明事实的实践支持，那又能是什么呢？

最后，俄狄浦斯情结也是一个神话，因为这真实而具体的骤变，突发于患者大约4岁的时候，在个体欲望的狂热力量和反对它的文明力量两者之间的较量，这个因博弈而诞生的伟大的寓言正是在这个骤变期（俄狄浦斯期）。而这场战斗最好的出路，就是和解。我们称之为廉耻心和私密之心。

俄狄浦斯情结的身份是什么？
是真实，是幻想，是概念，还是神话？

俄狄浦斯情结的真实身份是什么？在成长的性骤变期，可以从孩子的行为举止上观察到吗？这个幻想铭记在无意识中吗？或者它真的是精神分析中最重要的理论、结构中流砥柱的钥匙吗？或者它只是一个神话，是现代人揭示乱伦禁忌，对人类疯狂的乱伦欲望做出的回复？俄狄浦斯情结是真实、是幻想、是一个概念或者仅仅只是一个神话？好吧，这次我来一起回答：真实，幻想，概念和神话都是它。然而，对于我们精神分析家而言，俄狄浦斯情结首先是个幻想，或者我应该说，是个双重幻想。这个婴幼儿期的幻想作用在患者的无意识中，同时也是通过临床医生而重构的幻想。我也仅能理解从我的成人患者那里听到的痛苦，对那些俄狄浦斯期的过去经历，通过假设的那些焦虑、虚构的故事以及欲望，由此理解患者的痛苦。这些欲望、虚构的故事、婴幼儿时期的焦虑，今天仍会体现，通过病人主诉的神经官能症将其伪装成各式各样的折磨。例如我倾听的患者莎拉，她是一个26岁的严重厌食的女孩，我察觉到这个小女孩的心里，存在着一种无所适从的想法，这种想法在矛盾中产生：她希望自己的身体如同她的弟弟那样小伙子般的平整，因为父亲更喜欢儿子；同时她又希望成为父亲喜爱的女人。然而，当莎拉在向我诉说，出现了内心中那个4岁的小女孩时，我想我就找到了干预她厌食病的机会。在那一次就诊中，我做了进展性的解析，我的患者莎拉听着，但却是"小莎拉"在感受。哪个小莎拉呢？是我假设作用在成年莎拉的无意识中、我通过倾听幻想出来的俄狄浦斯式的小女孩。但是谁能证明这个幻想？在倾听中铸造的幻想——这种临床具体的救助及俄狄浦斯情结理论，是这些在患者的无意识中产生作用吗？谁能保证这个在"小莎拉"身上的幻想，是被"成为男孩"和"成为女人"这两个欲望折磨形成的，而不是错误的结构？换句话说，这个幻想和俄狄浦斯理论——它们的论据是什么？好吧，这个概念和幻想有价值是基于两个基本理由。首先，因为每次我倾听一个患者都运用俄狄浦斯情结理论做推理，并引导相应的幻想，我的治疗干预证明了这与语言上的词义及语音特征相关，就是说通过循证患者的实际表现证明了其价值。其次，通过我个人倾听的经验、俄狄浦斯情结概念的丰富拓展，我确信，倾听具有非常良好的灵活性与韧性，总是能够将患者身上的现行痛苦与儿时曾经存在的幻想协调一致，从而不断加工成为一套我独特且严密的分析理论。

*
* *

如果现在我要给俄狄浦斯情结的骤变期做一个图来划分，则可以划分为两大部分：俄狄浦斯情结伴随着父母的性化而开始，伴随着父母的去性化而完结。去性化最终将引领孩子导向成人性的身份的认同。

我对此将逐步精准而详细地说明在男孩和女孩身上俄狄浦斯情结的骤变期逻辑，这个方法是小说式的后设心理学的神话*，是我根据临床经验和对精神分析理论的灵感而铸造并记载的。但是首先我应该指出干预这个骤变期有几个基本要素：乱伦的欲望、幻想以及认同。乱伦的欲望我们稍后就要讨论。其次，幻想是指俄狄浦斯情结的三个主要幻想：石祖**全能的幻想——孩子相信全能；想象满足乱伦欲望后的快乐的幻想——孩子是欢愉的；男孩案例中的焦虑幻想——胆小怯弱的男孩，及女孩案例中的痛苦幻想——受伤的少女。基于这些，俄狄浦斯情结逻辑最终的环节是认同令人震惊的现象。欲望、幻想和认同，这三个运算装置分别强调了俄狄浦斯情结的起源、顶峰和衰落（见图1）。

---

* 后设心理学：国内也翻译为超心理学、心理玄学、心灵学。法语原词为"métapsychologie"，"psychologie"是心理学的意思，而"méta"是"准备"的"准"的意思，来自希腊语。在字面上来看有"在其中、其自己的、共同地"之意，"后设"意思是"关于什么的什么"，例如：后设资料就是"关于资料的资料"，图书馆中的一本藏书可以看作是该图书馆的一笔资料，而该书的作者、出版日期、出版者等相关资料就是这本书的后设资料。因此后设心理学的意思是弗洛伊德所创造的精神分析假设和理论的诠释以及相关的基础资料。

** 石祖：国内也翻译为"阳具"，英语及法语都是"Phallus"，也可音译为"菲勒斯"，它是父权的象征，其图腾是一根勃起的阴茎。请注意在阅读精神分析的相关文献及著作时，"阴茎"与该词语的区别。"阴茎"仅描述了生殖器官，而"阳具"则蕴含了更多精神分析拓展的意义，例如"阴茎幻想"。——译者注

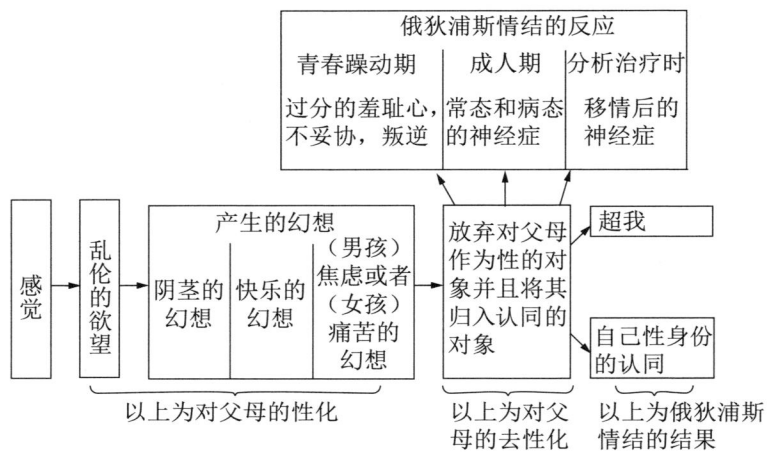

图 1　俄狄浦斯情结的总览

第一篇
男孩的俄狄浦斯情结

一切开始源于身体性欲的感觉 / *13*

三个乱伦欲望 / *17*

三个快乐幻想 / *20*

三个阉割情结的焦虑幻想 / *25*

男孩俄狄浦斯情结的解决办法：对父母的去性化 / *29*

和女人相比，男人的本能是懦弱 / *30*

俄狄浦斯情结的果实：超我和性身份的认同 / *33*

男孩俄狄浦斯情结的逻辑总结 / *35*

一切开始源于身体性欲的感觉

到了三四岁,所有的男孩把他们的快乐集中到了真实的阴茎上。它开始如同一个器官、一个想象的目标客体和一个象征性的标志。在这个年龄,阴茎器官成为身体上感觉越来越丰富的一部分,并且成为统治性欲的区域。因为,它为孩子谋取到的快乐将成为其他所有身体快乐的参照原则。这个年纪之前,有许多快乐的部位,先是嘴唇,然后是肛门,还有肌肉活动——别忘了所有的小孩子在两三岁时学走、学跑时的那种快乐,然而此时,4岁的时候,所有躯体上的快乐,那些使之兴奋的地方,回响在他幼小的阴茎层面下,是一种快乐的震颤。换而言之,如果一个4岁的男孩看到他坦胸露肩的妈妈而产生快乐,或者喜欢在公共场合展现裸体,或者通过游戏表现出啃咬他妹妹的大腿而兴奋,这就可以说,他获得的所有快乐,通过眼睛、通过牙齿或者其整个身体,都充斥着他小小的性层面,并且这些已经让他体验到了生殖兴奋带来的欢愉。

但是在4岁时,阴茎并非仅仅是最富有感觉的器官。它同时也是一个最被珍爱的客体,它召唤着所有的注意。它是一段可视的延伸部位,很容易用手摆弄,激起性欲并且能够勃起,阴茎吸引着手,这一切正如乳头吸引着口唇和舌头那般;阴茎召唤着注意,调动着男孩和女孩的好奇心,它好似寓言,又好似小说，亦或是那些奇怪的婴幼儿性欲理论，总之，这些都给了他们灵感。阴茎蕴涵的印象正如男孩对待他最珍爱的自恋客体*，此物他经常抓弄把玩，并且为能够拥有而骄傲。对于身体而言，阴茎的迷信崇拜已经把这个小器官升级到了象征绝对权力的等级和雄性力量的标志。但是请注意！同时，正如这个羸弱的器官所造成的经验和印象，基于相同的原因，它过分地暴露在危险中，因此这不仅仅象征了力量，更是象征了它的脆弱性与微弱。也就是说，当这样一段类似阑尾的延伸物，完完全全地兴奋，清清楚楚地可视，能够勃起，可以把玩并且如此被重视，变得在所有人看来——男孩和女孩们——都是欲望的复现表象，我们将其称为"石祖"。这个石祖，并非是作为器官的阴茎。石祖是幻想出来的阴茎，这个阴茎被理想化，象征着其所有的力量，以及其背后象征的脆弱。我们来延伸一下，当我们观察女性俄狄浦斯情结的一些细节时，其对于阴茎的想象和象征逻辑也一样可以被普遍观察到，这个年纪的小女孩，她也坚信自己一样拥有石祖，且意愿是如此的强烈。这恰恰是叫做石祖的阴茎幻想，将它的名字赋予给力比多性欲发展的阶段，从而突发俄狄浦斯情结的骤变期。因此，弗洛伊德将这个在石祖上保持极化的婴幼儿性欲时期，称为俄狄浦斯情结发展期。（Cf.p.114-118）

在这个时期，孩子中无论男孩或女孩，相信这个世界上所有人都具备石祖的力量，就是说所有人都和他们一样强大。在

---

*精神分析中所说的自恋，也译作"纳西索斯情结"，源自希腊神话。纳西索斯是自恋的代表，因迷恋自己爱上自己的影子，最终化为水仙花。而水仙花的法文也是 narcisse，英文 narcissus 与之大同小异。——译者注

什么时候呢？例如，一个男孩对自己解释所有人都有石祖，他会这样想："所有人都拥有和我一样的阴茎器官。所有人都和我一样具有相同的感受，并且感到和我一样强大。"我强调这个婴幼儿的假想，这个通过男孩和女孩铸造出相信阴茎的幻觉，是通用的表征。然而，伴随着孩子对于石祖的狂热崇拜的是：在小男孩身上体现出会因为害怕"失去它"而产生焦虑，在小女孩身上会出现因为"已经失去它"而造成痛苦。因此，在这个年龄，孩子已经开始拥有了这样一种经历：失去了生命中极其重要的客体。对于婴儿来说，他失去了母亲的乳房，而他本来认为那是属于他自己的一部分；接下来他就有了这样的经历：放弃奶嘴并且离开他初次的"嘟嘟"*；接下来，习得这样的经历：去大便时观察到他的"便便"是如何离开他的身体的；他也习得这样的经历：因为小弟弟或小妹妹的出生而丧失了自己"儿童皇帝"的身份与地位；那么最后，他可能已经拥有了消亡与湮没身临其境的过去经历。是的，在俄狄浦斯情结的年纪，孩子们已经可以非常完美地掌握这些情况：再现某些他珍爱却失去的客体，害怕有些事物一去不复返。然而，更加严格地来说，我应该补充道，当他在这个世界中成长时，或者甚至他的心脏在胚胎期第一次开始跳动之时，这个小家伙已经能够完好地感觉到生命客体的逝去，并且我同时也要强调，这个逝去非常短暂。我们多么清楚啊！一个宝宝，他如此娇小，去感觉、了解世界，并且哭泣或者痛苦，这个时候有些基础物质已经在他身

---

* 原文为 doudou，为俚语，指心上人，亲爱的，等等。儿童用语中有两个意思：①指睡觉，中文可理解为"睡觉觉"；②指小孩子的心爱之物或心爱的客体对象，如奶嘴、玩具、洋娃娃、摇篮、母亲，等等。——译者注

上消逝。这就是为什么我说俄狄浦斯情结期的孩子所展现的才能，是再次复现出这个缺失，而这根本就是人类种族固有的一种直觉。

那么重回我们的线索。现在我请各位再次注意关于普遍存在的假想石祖的一些批注，并且这些是关于年幼孩子的能力可以直觉性地表现出缺失，因为这里有两个提案都是不可或缺的前提条件。这两个提案是：如何构建出男孩阉割情结的焦虑幻想，以及如何构建出女孩被剥夺（阴茎）而产生的痛苦幻想，这就是说为了弄明白对于俄狄浦斯情结而言，男孩是如何将其脱离，而女孩又是如何卷入其中的。稍后我们继续讨论这个问题。

三个乱伦欲望

现在,让我们一起来靠近研究乱伦欲望的动力。从性的兴奋和骄傲的实力,4 岁的小男孩在自己身上破蛹而出诞生新的力量,一个未知的冲击:想要向别人靠近的欲望,靠近他的父母,更确切地说,为了得到快乐而靠近他父母的身体,为了找到那些不同的性欲快乐集合在一起,这些快乐在这个年纪之前就已经被孩子认知到了。这就是新生的俄狄浦斯情结!到这个时期,孩子并不了解其感觉的丰富并且还没有体验到抓住整个大他者的身体那激情澎湃的欲望,却因此找到快乐。那又是什么欲望呢?这个欲望是驱使我们紧紧地搂住同伴时所产生的快乐而导致的冲击。人总是渴望肌肤相亲。渴望,是投身于自己以外的人,寻求着他人的肌肤之感;这是想要触及的愿望,通过肌肤相亲而贯穿,最细腻的享乐。这就是欲望!其中所有的欲望都是性欲望。通常精神分析说的性或性欲比生殖更广泛,含义更多。性与性欲想要表达的是:"让我来端详你的裸体!抚慰它,感觉它,拥抱它,吃掉它,甚至毁了它!"怎样的身体呢?是那些我们爱着并且吸引我们且唾手可得的身体。对于孩子来说,如果这些人不是他的父亲或母亲,那会是谁呢?俄狄浦斯情结的孩子仿佛是被欲望所驱使,如同在父母背上抓挠的一只淘气的小猫咪。总之,俄狄浦斯情结的孩子是被冲动引诱而驱使，通过和他喜爱的身体接触，从而寻找他的快乐，他们依赖于此并且变成欲求者，成为召唤并维系欲望的生物。然而，这个专横的欲望，这个不可抵抗的冲击，阴茎兴奋是它的来源，它的目标是快乐，它的客体是亲属的身体或者其他监护人的身体，这个冲击是一个乱伦欲望虚构传说的表达。是的，俄狄浦斯情结就是孩子现实化这个不能实现的乱伦欲望的企图。但是这个**乱伦欲望**到底是什么？这是一个**虚拟的欲望，从来不曾满足，它是客体，是父母中的一个且它的目标并非是要获得生理快乐，而是获得享乐**。是怎样的享乐？这个奇妙的享乐，是为了谋求一种完美的性关系，在这两者之间——孩子和成年的亲属，消失成为一个整体和恍惚的融合。当然，这个欲望是一个不能实现的梦想，一种美轮美奂的画卷，一出希腊神话或者一种最疯狂的上古寓言。此刻我要为诸位详细说明一些真实的乱伦片段：父亲与女儿的乱伦行为，或父亲与儿子的乱伦行为，还有比较少见的母亲与儿子的乱伦行为，这些强奸相对少见，但此时，他们从未获得享乐，这毫不美妙也并不正常。完全没有！恰恰相反，临床上对于乱伦的案例启示出其获得的满足十分贫瘠，只有堕落邪恶的成人和遭受着极大创伤的孩子。是的！对于父亲在孩子身上犯下滥性罪过这种不幸，与我所说的乱伦欲望，两者毫无干系。但这样诸位就要问我了，为什么精神分析企图神圣化乱伦欲望并且想要假设这些所有的欲望，若它是微不足道的，涉及的欲望也是虚拟的吗？为什么乱伦欲望是欲望的原标准？好吧，睡了自己的老妈并且杀死自己的老爸，这个荒谬愚蠢的欲望的唯一的价值，就是对于重回子宫内部这一原始环境享受福乐的疯狂欲望的讽喻。对于精神分析，我们日常的每个欲望——例如看到那些喜爱的身体之间，爱抚状的宣传画而产生肉体的愉悦——每一个这种欲望的驱使，从理论的角度而言我坚持认为，通向完美幸福快乐的途径正是两个生命体合二为"一"的享受*。乱伦欲望仅仅只是纯粹的神话虚构传说的外在表现，仅仅只是男主角英雄穿透了他的母亲为了重新通过母体来寻回他生命的起点这一疯狂的欲望。用一个意象来形容，乱伦的欲望是和我们汲取营养的土壤相融合的欲望。

当乱伦欲望的神话虚构角色体现出来时，在男孩身上我区分出三种变化。我们已经强调乱伦欲望不是唯一的情欲，却是侵略性和情欲趋向的凝缩。因此，在男孩身上有三个基础欲望的体现并且表现在所有男性人类身上，无论他是什么年龄：对大他者**身体性欲的**占有欲**，尤其是对他的母亲；被大他者身体占有的欲望（即**被占有欲**），尤其是对他的父亲；还有对大他者身体的**消灭欲**，尤其是对他的父亲。占有欲、被占有欲以及消灭欲，这就是男性欲望基础的三个活动。

---

* 原文中此处的"一"为 Un，首字母大写表示拉康学派的专用词汇，可理解为一划，太一，此概念涉及符号认同。——译者注
** 大他者，原法语为 Autie，其中 A 是大写的。英语为 Other，以区别小他者（autie/other），大他者是绝对的他者。

三个快乐幻想

然而,这三个乱伦目标是不可能达到的——通过占有大他者的身体、被大他者占有而获得纯粹的享乐,以及消灭大他者获得纯粹的享乐——小男孩杜撰出一些幻想,那些让他可以愉快或者惶恐不安的幻想,但这些幻想所有的方式,都是在想象中满足他疯狂的欲望。

但这些幻想是什么?这是一幕戏,经常都意识不到,被用于对不能实施的乱伦欲望通过想象的方式加以满足。或者用于满足一切欲望,哪怕这些欲望是乱伦欲望的表达都无所谓。幻想是想象的一幕,是为了替孩子获得释然,这释然是一种快乐的方式,或者如我们了解,是一种焦虑的方式。同时幻想的作用是一种理想行为的替代,通过幻想行为获得非人的享乐,从而降低了欲望的紧张并且激发快乐、焦虑或者其他什么感觉,有时甚至是痛苦。因此,通过幻想降低心理紧张并非总是表现出惬意的释然,更常见的是通过障碍和折磨让他们感到痛苦,通过幻想获得心理紧张的降低从而令心理现象避免出现无法修复的裂痕。这些表现足够令诸位震惊,降低心理紧张竟然也可以通过意识中的痛苦而表达出来。例如爆发出嚎哭时的泪水,这也可以作为有益的发泄角色;再比如,因恐惧而无法动弹的症状其实可能是为了防止其他更严重的损害，比如精神病。

还请注意，幻想的那幕戏并非是生硬的意识，而是往往通过感觉自行表现在孩子的日常生活中——我们刚刚才学习过——通过行为举止或者言语。例如一个小男孩，从来没有和他的母亲交尾，但是他通过想象裸体来制造偷窥者的幻想以此补偿这个不可能事件。这个幻想表达为想要调皮捣蛋的窥视并突然跟妈妈处于特别亲密的状态。诸位此时可以逐级区分我们刚才说过的：占有母亲的乱伦欲望，看母亲的裸体而衍生出的欲望，想象出的幻想，以及最后通过锁孔上的小洞进行窥视的恶作剧来实施幻想。

然而此时我想要稍事歇息，这是为了消除对这些术语的疑惑："感觉、欲望、幻想以及行为举止"。这些需要分清。善始才能善终。首先，感觉到的**感觉**唤醒并趋向成年人身体的欲望。接着，这个**欲望**通过幻想而满足并令孩子获得快乐。我要重申的是，这些快乐幻想难以通过主体在心理上观察到。这就是我们精神分析家，从观察婴幼儿的行为举止开始，且尤其从倾听我们的成年分析对象开始，由此去做推断。我们倾听一位孩子或成人患者，从而我们重新构建那些驾驭着他们生活的一幕幕幻想场景*。然而，通过在抽象之中呈现出一个突破口，我们说，这些场景通过主体想象满足虚假的欲望被无意识铸造——在我们举的例子中偷窥者的欲望——并且在那里，是为了满足他神话般虚构的乱伦欲望。来做个总结吧。我认识到：小男孩窥视他的妈妈，我推断这是在母亲裸体的时候，小男孩通过窥淫者

---

* 场景：Scenario 是一个专业术语，特指想象界与符号界的剧场，主体在其中扮演他的幻想。而弗洛伊德则强调不应与物理的场所及解剖学上的位置混淆。

的场景而无意识地活跃。同时我也觉得，这一幕场景满足了他占有母亲的乱伦欲望，且实际上，这是眼睛贪婪地吞噬这一幕而形成的欲望。总之，这些感觉唤醒了欲望，这个欲望召唤了幻想，并且这个幻想通过一种感觉、一个行为举止或一段语言从而使之现实化。同时，当诸位在面对这种情绪时请告诉自己：患者挤出了怎样的幻想且这个幻想满足了怎样的欲望？哪些欲望总是通过躯体的感觉而活力四射？

通过这些细节的确立，现在来看在这三种乱伦欲望中，个人假想出怎样一种特别的快乐幻想来获得自我满足。对于每一个乱伦欲望都有特异的快乐幻想与之相符。占有大他者的乱伦欲望产生的特异幻想是什么？实际上，这个幻想采用的大量剧本是，孩子总是扮演积极主动的，并且他对强迫大他者体现他的存在而感到骄傲。支配幻想是通过这个年龄典型的行为举止而体现，比如不知羞耻地暴露自己，捉弄爸爸妈妈，捉弄医生，像小丑一样，说了很多铺天盖地的话却不理解其中的任何含义，甚至笨拙地模仿性爱姿势。有时，他们通过掌握这些行为碰到父母其中某位的身体，或兄弟姐妹之中某位的身体，甚至狂热而兴奋的去拥抱更有时候加以啃咬或者苛待。但是所有关于占有支配的剧本中，正是这些挤出了最真诚的乱伦欲望——占有大他者的乱伦欲望，这是男孩独霸母亲的愿望，仅仅只是为了他自己拥有母亲。

我要给诸位举一个例子。我此时想到了一个3岁的小男孩，马丁。这个男孩觉醒得非常早，一如既往的调皮捣蛋。他的母亲是我的一个分析对象。有一天她带着孩子来到我的诊所，因为家中无人看管。孩子在客厅玩耍的时候，临着我的办公室角落，他妈妈用说悄悄话秘密的口吻跟我说起他孩子的一些小故事，在我看来，那真是俄狄浦斯情结中，占有母亲的快乐幻想而汇编的精美插画。要知道马丁的母亲是一位年轻的离婚女士，非常美丽且讨人喜欢。她独自和孩子一起生活。她向我吐露心声："您猜猜看呀，医生，我为什么要带着这个小坏蛋马丁一起过来。我在浴室里，几乎什么都没穿，正在化妆——门都没有关严实——接着我突然一声惊叫：马丁已经蹑手蹑脚、悄无声息地进来，他咬了我的屁股后就逃跑了，从头到尾他一直都为他的所作作为骄傲且得意洋洋。"我请诸位想象一下，这个小男孩悄悄地溜进浴室，并且发现了与他眼睛水平高度差不多的母亲诱人的臀部。他两眼放光，靠上前去，没有事先叫嚷，而是用整排牙齿咬了上去。这就是俄狄浦斯情结！是俄狄浦斯情结，啃咬他母亲的臀部！俄狄浦斯情结，并非温柔地爱抚他的妈妈，这是欲求妈妈并咬妈妈。此刻明显地体现出我跟诸位说的那些内容，但是造成俄狄浦斯情结的自然性欲的明显事件，我要说俄狄浦斯情结是一个性方面而非爱情方面的问题，这个明显事件并非总是被接纳。俄狄浦斯情结，是一个小男孩的性欲望，其既不能被头脑接受，也不能被身体接受。

在俄狄浦斯情结的第一个幻想——占有母亲的幻想之后，我们来了解第二个快乐幻想，这就是被大他者占有。被占有最典型的欲望幻想是这一幕：小男孩愉快地引诱成人并成为成人的客体。这个幻想是引诱的幻想，诱人的小男孩自己想象着被母亲、长兄，甚至亲生父亲所引诱，这可能令您震惊。这个幻想是这种性欲诱惑的幻想。事实上，小男孩扮演被动的角色，完完全全地女性化，这个被动角色是成为父亲的玩物并且成为产生享乐的玩物。但是要好好地理解这一段话，如果孩子想象自己被诱惑,他不仅仅是堕落、恶毒、施虐狂父亲的一个被动的牺牲品,他同时也是一个主动的诱惑者,盼望着被引诱;孩子施展的引诱其实是为了被引诱。请注意这个男孩通过父亲表达的这个俄狄浦斯情结的引诱幻想,将被冻结并在之后,待这些孩子长成成人时,蔓延在成年的生活中,其肆虐的危害,因为往往导致特别难治的一型男性歇斯底里症。往往,这种歇斯底里的分析治疗搁浅并停滞在一个危机骤变期中,它叫做"阉割情结的顽石"或被阿德勒*称为"男子气概式的抗议"。既然我们涉及临床工作,我就要向诸位指出,我选择为诸位推介俄狄浦斯情结,首先回应了我的期望,即启发你们对待成年患者的临床实践。因为,诸位需要明白,俄狄浦斯情结的利好不仅仅是一个理论性的,它首先是临床上和诱惑幻想中,公认的一幅插画。每一次我接诊男性神经症患者并且要求我给他做分析时,我就会考虑到他们无意识下的幻想,那是作为其父亲的玩物并且乐在其中的无意识幻想。

最后一个快乐的幻想,就是关于消灭大他者的欲望。尤其是对父亲,在主动的性欲姿态中,父亲置于主体位置。我说"性方面"因为消灭大他者激发着同等的性快感而无所谓俄狄浦斯情结的哪一种幻想。婴幼儿的某个行为举止,就表达出了最好的想象,正是父亲作为对手并让他消失。而最常见的,是小男孩利用父亲的不在场。比如,外出旅行时,为了扮演"家庭主人"的角色,想要和母亲分享同一张夫妻大床。

---

* 阿尔弗雷德·阿德勒(Alfred Adler),1870—1937,奥地利精神病学家,弗洛伊德的高徒,后与弗洛伊德决裂,开创个体心理学,代表著作为《超越自卑》。——译者注

三个阉割情结的焦虑幻想

快乐的幻想，要么是小男孩采取主动的性欲姿态比如咬他的母亲；要么是小男孩采用被动的性欲姿态比如为了被引诱而引诱；以及，要么他采用主动的性欲姿态去排斥他的父亲；所有这些幻想都是快乐幻想，使得孩子幸福但是也同时在他们身上爆发出深深的**焦虑**：调皮捣蛋的小男孩害怕他的犯错之处遭到惩罚，这惩罚会毁坏了他的雄性器官——他的能力、骄傲以及快乐的象征符号。这个幻想，是对于他被处罚时，他的石祖受到损坏的幻想。这个幻想叫做"阉割情结焦虑"。请注意！通过阉割而受到惩罚的威胁并且这焦虑被激发出来，这些都是被幻想出来的威胁和焦虑。的确，一个男孩可以干蠢事、犯错误，并且害怕责备和惩罚，但是幻想着阉割惩罚而来的焦虑，这些就是无意识的结果。清楚地来讲：阉割情结焦虑并没有被男孩们感觉到，它存在于无意识中。这一点至关重要——如果诸位想要证实一个4岁的男孩事实上是在害怕他的阴茎被毁掉。那么我会即刻解释：除非例外，这种恐惧一般都无法证实。当然，这往往会发生此类事件上——母亲看到儿子独自把玩生殖器，就会喊道："快别瞎捣腾了！你的小鸟又不会马上飞走，也没人会吃了它！"但是这类俏皮话并没有在男孩身上激发任何被阉割的焦虑。另外，我们在日常观察中发现孩子身上表现出害怕或者噩梦这种形式，就认为其焦虑，这焦虑与阉割情结是一回事吗？不是的！请注意！阉割情结从来都不在意识中。我要说的是，这些婴幼儿的焦虑，是这样一种临床形式，是阉割情结无意识的焦虑。总之，无论男孩遭受着什么，甚至并非真实的威胁，他常常惶恐不安而自发地焦虑，我们都应该明白，这一切均栖息着阉割情结的无意识焦虑；当他欲求并获得快乐时，他都会存在极小的焦虑。焦虑是快乐的反面。焦虑和快乐也是如此不可分割，我把它们想象成欲望分娩的双胞胎。我要非常清晰地澄清这一点。精神分析提供了乱伦欲望这个前提，同样的，其断言所有的人类对于男性的欲望而言，普遍存在着其内在固有的阉割情结焦虑。当我们谈及男性的神经症时，应该回顾上述内容。我早已断言，阉割情结焦虑是男性心理现象的精髓。而对于女性的心理现象，我们等一下会再来探索女性情感的性质。

我们讲到男性的焦虑，是幻想快乐的反面。因此，没有任何俄狄浦斯式的快乐能少得了这些对等的补偿——欲望产生的焦虑和被惩罚的焦虑。这对抗感觉的双方，快乐与害怕被惩罚，是所有神经症的基础。我们曾经讲过，俄狄浦斯情结是他自己婴幼儿时代的神经症；也可以说，它是作为人类生长中的第一个神经症。为什么？因为神经症首先是一个对立感觉同时发生的动作，并且俄狄浦斯式的孩子遭受着它造成的折磨，这样的神经症患者，即津津有味地享受着制造幻想而产生的快乐，又害怕若坚持下去而受到惩罚，从而在这害怕与快乐之间痛苦地纠缠。在后面的文章中，我还要更深入地重温这个中枢理论——即俄狄浦斯情结表现在人身上的神经症。

虽然我们还没有将阉割情结论证到一个具体的位置，就已经确定了阉割情结焦虑的无意识地位，然而事实上，从孩子生活中的那些事件中证实：需求若在，则焦虑存在。所有俄狄浦斯情结学说的理论家都要参考这种无法回避的重大事件。一天，小男孩看到了妹妹的裸体或他自己母亲的裸体，并且观察后惊奇地发现他们没有阴茎—石祖。如果我们记得婴幼儿的幻觉是认为"大家都拥有一个石祖"的话，就会明白这个男孩自言自语的无意识："既然世界上有这么一些人失去了石祖，那我也有被剥夺的危险。"伴随着这个发现，阉割情结焦虑被明确地巩固。

我们讲，焦虑的幻想有三个变化，可以理解为三个快乐的幻想的对立面。

● 如果快乐幻想是咬他的母亲或者和她有个孩子，即所谓的占有大他者，阉割情结的威胁则负担在主体身上最珍贵的阴茎—石祖上，就是说在身体的这一部分做最多的投资。这里，威胁的施动者，是父亲，他作为禁止人，对孩子强调着乱伦禁忌这个律法："你不可以拥有你的母亲，也不可能给她一个孩子！"同时，他这样告诉母亲，恳请获得这样的确认："你不可能用乳房让你的孩子重新回来与你合一。"*

● 如果这个快乐幻想是一个诱惑的幻想，这就是说被大他

---

* 这里的重新回来，原书中使用了 réintégrer 一词，有再次重回、返回的意思。精神分析解读孩子的发展过程是从子宫内到子宫外，从认为母亲的乳房是自己的一部分到辨识出乳房是一个客体，从认为乳房是一个客体到辨识出有乳房的母亲是一个独立的个体，同时也识别出自己的个体。通过辨识个体从而划分出"我"与"他人"的概念。这里是说在无意识中传递给 4 岁左右大小的孩子：4 岁的年龄已经区分了自己的个体与母亲，就不可能退回到认为乳房还是自己的一部分，更不可能回到子宫与母亲一体。——译者注

者占有，更确切地说，把自己呈现给父亲，阉割情结焦虑同样承担在石祖上，但是这一次对于如同雄性象征的考虑，更少考虑如同可断裂的延伸部位。这里，威胁的施动者不是父亲作为禁止人而是父亲作为诱惑人：父亲是一个男孩渴望爱恋的人，但是他却害怕距离太远且害怕被父亲虐待。在这种情况下，焦虑的问题并非是害怕失去他的阴茎—石祖，而是害怕变成父亲的女性客体*，失去他的雄性特征。"我害怕被我的父亲性虐待并且失去我的雄性特征。"我坚持这样说，通过父亲和害怕被虐待所产生的焦虑，其在男孩身上的诱惑幻想，是一个原始的幻想，这些在对男性神经症患者的分析治疗中可以定位出来。

● 最后，如果这个快乐幻想是幻想着父亲作为竞争对手要被排斥，那么阉割情结的威胁就集中在阴茎—石祖上，即被认为是身体露出的那一部分。这里，威胁的施动者，是被憎恨的父亲，这个被憎恨的父亲恫吓着孩子，从而停止其忤逆弑父的冲击。

这就是阉割情结焦虑幻想的三个变化。在第一个幻想中，父亲是一个令其害怕的禁止者；在第二个幻想中，父亲是一个令其害怕的施虐者；而在第三个幻想中，父亲是一个令其害怕的对手。在上述所有情况下，威胁的施动者是父亲，并且被威胁的客体是阴茎—石祖，或者它的衍生物，即雄性特征。

---

* 父亲的女性客体：指作为父亲的客体对象，而这个客体对象是女性或雌性的状态。——译者注

男孩俄狄浦斯情结的解决办法：
对父母的去性化

男孩放弃了他的母亲，因为他害怕他的肉体被惩罚；然而对于女孩——我们知道——放弃了使她失望的母亲，并转而投向了父亲。

阉割情结引发了怎样的焦虑？好吧，它加速结束了俄狄浦斯情结的骤发期。因为，在快乐幻想和焦虑幻想之间左右为难，分享着愉悦和害怕，男孩最终涌现出的是害怕。焦虑比快乐更强烈，劝阻孩子放弃寻觅乱伦并且引导其放弃那些欲望的客体。作为焦虑的人，孩子改变了方向，父母不再扮演性欲的客体，这是为了拯救他珍爱的阴茎—石祖，即所谓为了保护他的身体。放弃父母并且臣服于乱伦禁忌的律法，这一切完成的顶峰，即为男性的俄狄浦斯情结顶点。最终，孩子成功地保护了他的石祖，但代价是放弃了性化的父母。换句话说，在这个威胁之下，焦虑的男孩应该在保留母亲或保留阴茎之间做出选择。结果，他保留了阴茎而放弃了母亲。在放弃母亲的同时，他将父母双亲全部去性化，并且压抑欲望、幻想和焦虑。他轻松了！他现在可以对其他合乎要求的欲望客体推心置腹，但这次是合理的，并且也符合实现的可能。这仅仅只是解脱了性欲观点上的父母，孩子从此以后将能够选择家庭以外的其他伴侣作为欲求对象。

和女人相比，男人的本能是懦弱

男孩被妈妈爱护得越多，他将来就越能够成为男子汉。且他为自己的能力骄傲的地方越多，他想要保护而产生的焦虑就越多。对于微小伤痛矫揉造作的嘲讽其实是对自己雄性气概的敏感。和女人相比，男人的本能是懦弱。

此时我想要用图解的方式来说明男孩的俄狄浦斯情结骤变期的进程。我们可以看到三个时间段：爱阴茎→对失去阴茎而产生的焦虑→放弃母亲。我们先来总结一下其中的不同。由于焦虑，男孩的纳西索斯情结（自爱欲），即对自己身体的爱，爱着他的阴茎—石祖，同对父母的欲望相比更占上风。在这失去石祖的威胁之下，自爱欲比欲望更加强烈，或者用另一个词汇来做总结，即维护自我的冲动击败了性欲冲动。我坚持这样说，自爱欲对于性欲的胜利，是通过焦虑加速了其进程：诸位不要忘记，因为害怕被虐待，男孩才自行改变了对母亲的方向。然而，焦虑是被压抑的焦虑，往往是痛苦的压抑。因此，我们要知道，成人的神经症，是对于儿童时期恶劣压抑的阉割情结所产生的焦虑的一次回归*。但是除了这个神经症式的回归，无可

---

* 回归：原文为 retour，也可译为回路、回程、返回等。指童年时压抑的焦虑发生在成年时的无意识而产生症状，由此形成类似反射的通路。作者在自己的其他著作中，也采用电路做比喻，形容这是一种电路回路。——译者注

争辩的是阉割情结普遍保留了这样的正常关系：一个男人对自己的生殖器官和最寻常的雄性特征之间保持了正常关系。虽然有俄狄浦斯式孩子的压抑、男孩俄狄浦斯情结作为中枢造就的焦虑，但它们永远印刻在雄性状态下。我们可以推论出，一位男性的人生中充满了多少焦虑。这焦虑在雄性角色中的沉浸是如此强烈，对此我毫不犹豫地讲，临床上已经证实，男人这种生物最担惊受怕的地方，就是面对生理痛苦和他的焦虑，这些焦虑来自他要确信自己雄性特征和能力能够持续。男人作为一个害怕而焦虑的生物——基于这个本质，害怕失去他自信拥有的力量，可以说：男人是懦弱的。是的，我了解。我们男人，存在懦弱的本能；这个胆怯来自害怕；而这个害怕来自于身体过度的自爱欲，注意到这个担忧从而兴奋了焦虑，承受这些的就是我们的身体。我们明白，这关注的地方并不在于表象，也不在于身体的美丽，而是在于它的活力以及其完整性。正是这样，我想到了一幕有趣的现象——在足球比赛时，球员们摆出人墙来堵任意球的时候。这个时候球员们的反应，是双手交叉保护着他们的生殖器区域，以免被球砸到。这是很滑稽的一幕！想想看，小男孩站成一排，都担心着自己的身体，并且同时也是一幕男人式光彩夺目的插图，他的性器官成了最隐秘的"阿基里斯的脚后跟"。* 这是足球比赛中最有趣的一刻，诸位可以观察到：对方球员最终发射任意球的时候，人墙总是保护着他们自己的生殖器。他们站着时主动地屈腿扭腰，仿佛生怕被球

---

*Talon D'Achille，阿基里斯的脚后跟，典故出自荷马史诗《伊利亚特》。他在出生时，母亲替他做过特殊处理，抱着他来到冥河边来泡水，因此全身刀枪不入。但因为手捏着他的后脚跟没泡到水，因而成了唯一的弱点。用以比喻致命伤。——译者注

打到。而有时候在意外情况下，他们会跳起来躲开球，甚至冒着球会从脚下漏入网中的风险。看看吧！自我保护的忧虑，让他们忽视了自己作为人墙的职责就是成为障碍物以此阻止进球。同样，当男人的雄性特征面临危险时，他们因为保护雄性特征而产生的忧虑，和这些保护自己性器官的球员一样。他甚至在生命中甘冒一切风险，也不会让作为雄性的骄傲来经受半点风险。不过，在男人生命中有些相关人员，可能对他很糟糕并造成了坏的影响。这些人对男人展示自己的力量，威胁他的雄性特征或者羞辱他。这些相关人员除了那个他害怕并爱戴的父亲外，就是女人。我是想说和男人竞争的女人吗？除了爱戴的父亲和作为敌手的女人盗取了他的力量，还有谁？不过无论如何，都不会是母亲！相反，母亲哺育了他的力量并鼓励他们，使他们相信，自己总有一天能挣脱轮回而创造新的命运……这就是为什么我总是反复叮嘱每一位母亲要给她儿子建立完全的信任，要对自己孩子的人生多加鼓舞。请注意！这并非在印象中强调自己的孩子多漂亮，而是要巩固并增强孩子做事的能力和创造性。因为，反复跟孩子强调"你真有魅力、你真美"只能增强他"病态且糟糕"的自爱欲，而这一类的印象，会削弱他的自我。不要这样做！做个定论吧，并非是母亲威胁着男人，而是理想化的父亲和报仇心切的女人，是他们威胁着男人。总之，对于男人而言，他的生殖器官、雄性特征以及他的力量，是无论如何都要不惜任何代价保护的神圣之物。

俄狄浦斯情结的果实：超我和性身份的认同

一旦有了解决的结果——我应该说这是不充分的解决办法，即父母的去性化从来都不会完结，且焦虑从来都不会被决定性地压抑。男性的俄狄浦斯情结将对未来小伙子的人格构建有两个决定性的作用。一方面，诞生新的心理诉求，即超我；另一方面，确认自己的性的同一化，这在2岁的时候就已经开始，并且在青春发育躁动期之后表现出进一步的巩固。超我建立了一种令人惊叹的心理姿态：男孩放弃把父母作为性欲客体，并且在自己身上将他们保持为同一化认同的客体。既然不能再继续作为欲望客体拥有他们，那么就把他们占为己有成为其自我的客体；既然不可能拥有他们作为性伴侣，继之而来的无意识愿望就是成为他们，这体现在他们的志向中、脆弱中以及他们的理想中。不能够从性方面去支配他们，就从道德上去比较他们。对于自己今后非做不可的方面，孩子归纳了父母方面的禁忌并且有幸插入了这个混杂因素。从性欲到道德，这条道路的结果，召唤出了超我并这些感觉表达为：羞耻心、内心私密的感觉、惭愧以及高尚而正直的道德。

第二个俄狄浦斯情结的果实，是对于性同一化进展性的假定。在俄狄浦斯情结之前，孩子用简陋的直觉去认识性别的不同，还不能区分所说的男孩或者女孩，也无法确认父亲是男人或者母亲是女人。在俄狄浦斯情结开始时，他仍然不能识别父亲、母亲或者兄弟姐妹这些人的性别。大家请注意——可别忘了在3岁时，孩子并非是通过男人和女人、雄性和雌性这样来划分界限，而是在拥有石祖和没拥有石祖之间划分界限，是在强者和弱者之间划分界限。然而，根据家庭、社会、语言等方面作为不同的背景，生殖区域带来的激起性欲的感觉和通过被父母中的异性诱惑的感觉，这些因素逐步建立了性同一化认同的基础，这仅限于后天获得，直至青春发育期。同时也是青春期少年将阴茎归纳为这样一种考虑：阴茎是男人独有的象征，并且如果他已经探索了阴道，那么阴道就是女人独有的象征。渐渐地，他就铸造出男人的性同一化，通过这种方式去认识雄性特征和雌性特征的所有行为举止，而无需去考究现实男女之间在生理学和解剖学上那些相符的联系。他同时也在认知所有的人类，通过人们两性心理的构成，掌握面对男性和女性的不同时机。也许正是性别的不同，从而作为一个谜，以此激励着我们不断探究。读者可以参考本书第124页的图8，它对比性地描述了男性特征和女性特征的各个典范。这个表格是从俄狄浦斯情结的角度，把男人和女人那些有显著特征的行为举止做了汇总，而不是一个标准规范的汇总。

男孩俄狄浦斯情结的逻辑总结

在接下来的章节，我们要讨论女孩的俄狄浦斯情结。不过在此之前，我要组织一些语言，来总结这贯穿俄狄浦斯式男孩的不同周期。请注意：

> "我4岁。我感觉到了阴茎的兴奋→我拥有了石祖并且我自信有全能的力量→同时我渴望在性方面占有父母、被他们占有以及消灭我的父亲→我快乐地幻想着我的乱伦欲望→我的父亲威胁我，会通过阉割来惩罚我→我看到小女孩的裸体或者我母亲的裸体并且观察到她们没有阴茎→我还是害怕被惩罚→焦虑，我更愿意放弃这个对父母的欲望而保留我的阴茎→我忘记一切：欲望、幻想以及焦虑→我脱离了性方面的父母并把他们的道德自我化→我开始明白父亲是一个男人并且母亲是一个女人，渐渐地明白我属于雄性的延续→之后，到了青春发育期，我那些俄狄浦斯情结的幻想将会复苏，但是我的超我太严苛，在这个年龄粗暴而野蛮地反对着俄狄浦斯式幻想。在幻想和超我之间的斗争，通过对自己极端冲突的姿态在青春发育期表现出：加剧的羞耻感、抑制、害怕并蔑视女性，拒绝稳固的价值观。"

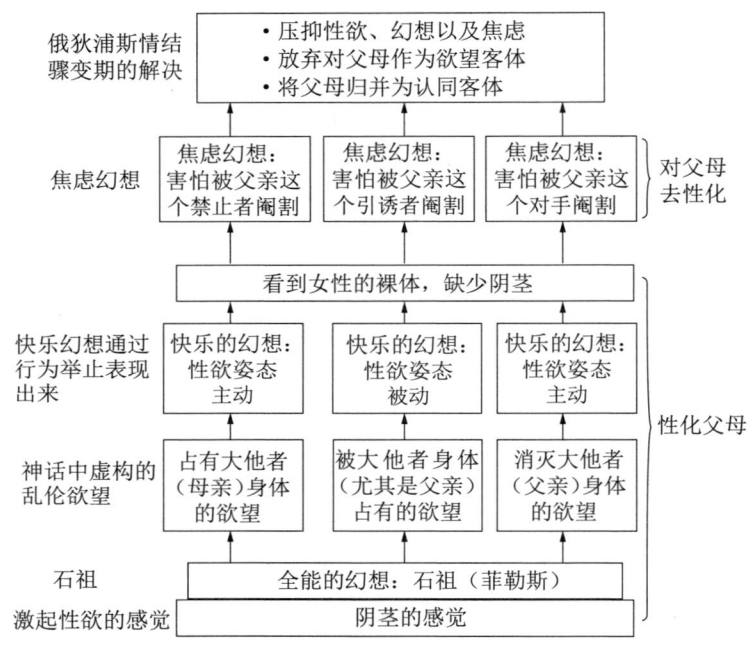

图2 男孩俄狄浦斯情结的逻辑

第二篇 女孩的俄狄浦斯情结

前俄狄浦斯情结时期：女孩如一个男孩 / 39

孤独时期：女孩感到孤独与羞辱挫败 / 42

俄狄浦斯情结时期：女孩欲求她的父亲 / 46

俄狄浦斯情结的解决办法：女人欲求男人 / 49

女人最女性的特征总有父亲的影子 / 52

总结女孩俄狄浦斯情结的逻辑 / 56

前俄狄浦斯情结时期：女孩如一个男孩

我现在要对诸位讲的是根据这个后设心理学的传说，从而为诸位描述女性俄狄浦斯情结的四个时期。诸位将由此很快明白，我们用男性俄狄浦斯情结来理解这一部分。4岁的男孩存在着三种乱伦欲望：占有的欲望、被占有的欲望以及消灭大他者的欲望；而对于相同年龄的女孩来说，她仅仅只是开始于这样一个单独的乱伦欲望：那就是占有母亲，接下来被父亲占有。我说"占有母亲"这个讲法非常合适，尽管这一点在女孩身上的表现让诸位有些惊奇。我要花点功夫详细说明一下。如果我们遵循"俄狄浦斯"这一词的进程，它好像是孩子对父母异性一方的色情诱惑，我们只能说，小女孩在她的俄狄浦斯情结期渴望占有她的母亲；更合适而言这被认为存在一个俄狄浦斯情结之前的时期，仿佛是为了向父亲靠近并且有效地进入俄狄浦斯情结期的必要条件。所以在开始时，首先性化了母亲，从而能接下来继续性化父亲。这就是为什么弗洛伊德称这是对于性化父亲的一段准备时期："前俄狄浦斯情结的阶段"。男孩没有这个预备期的必要，他一开始就在苛求父母异性的一方，那就是他的妈妈。并且也正是这个母亲，将成为唯一的俄狄浦斯情结欲望客体。我刚才说男孩总是以母亲为客体，甚至，说到男孩的诱惑幻想，我已经向诸位展示了父亲也能作为儿子的欲望客体。然而经典的说法是，我们可以称之为——男孩只欲求一个性欲客体，那就是母亲；而女孩就有两个欲求：首先是母亲，接下来是父亲。

在 21 世纪初期，我恳请诸位回忆一下那些不计其数、引人入胜——在精神分析的圈子中，起始于 1930 年到现在的辩论！这些辩论对于一个女人生命中的前俄狄浦斯期有着举足轻重的重要性。因此，对于我们每日要接待的神经症患者，搞明白他们存在的问题并进行判断，这个阶段是一个要点。当我倾听一位女士时，我总是要想到这个分析对象和她母亲的关系；并且与此相对等，当我倾听一位男士时，我也总是要想到他和自己父亲之间的关系。当然，我为诸位阐述了俄狄浦斯情结理论，但是我希望诸位感受到俄狄浦斯情结在临床中造成的影响并且想要诸位明白，神经症的问题是在成人时，倒退回俄狄浦斯情结的这一痛苦回归。这就是说在儿童时期，谁曾作为相同性别的父母一方的性诱惑。女孩神经症发病非常容易始于和自己母亲的关系，且男人的神经症发病非常容易始于同父亲的关系。同时我们应该说，男性的神经症，是男孩对父亲感情固化的结果，而女性，是女儿对母亲感情固化的结果。是的！作为临床医生，诸位倾听一个神经症的男士，尤其要想到他的父亲；而神经症的女士就诊时，更要想到她的母亲。

现在考虑一下这样的著名的表达："进入俄狄浦斯情结"。什么时候我们说一个小女孩进入了俄狄浦斯情结？我们的回答是：这不同于男孩。因为男孩是直接进入了俄狄浦斯情结，他一开始就欲求他的母亲而且他出离俄狄浦斯情结之时，正是他欲求母亲以外的其他女人之时。而女孩进入俄狄浦斯情结期——就是说性化了她的父亲——在经历了俄狄浦斯情结之前的时期后，接下来她要实施的性化，然后排斥她的母亲，并且出离俄狄浦斯情结的时候，正是她渴求除自己父亲以外的其他男人之时。而男孩与女孩之间，对于脱离俄狄浦斯情结的速度是不对称的。我们看到男孩，同时对他的双亲去性化，其方式迅速而唐突，而作为女孩，她的去性化始于母亲，然后接下来，非常缓慢地在性欲上超脱并疏离父亲。**男孩放弃俄狄浦斯情结只需一日，女孩则需要许多年**。可以这样说，男孩可以一下变成男子汉、变得爷们儿，而女孩成为女人则需要一个循序渐进的过程。

但是，回顾这个前俄狄浦斯阶段，此时小女孩欲求自己的母亲作为性欲客体。她在面对母亲时采用了与俄狄浦斯式的男孩相同的姿态——和男孩一样，她相信自己也持有一个石祖并且通过她的行为举止表现出来，这些行为举止建立在幻想着石祖全能的力量之上，并且她对于母亲扮演主动的性欲角色。这一切都和男孩子一样，比如她觉得幸福、强大并且骄傲；比如她是好奇的，有时候也是窥视者、裸露的癖好者并且有攻击性。总之，在这个时期，小女孩因为占有母亲的乱伦欲望而生机勃勃，为她拥有的一切而欣喜若狂，并且采用纯粹的雄性相似者这一身份*，让她看起来像个男孩。

---

* 相似者：semblable，拉康学派术语，涉及镜子阶段理论，即镜中的"我"，作为自我的相似者或镜像构成他者。文中这句话的通俗译法为："采用貌似纯粹的雄性姿态，让她看起来像个男孩。——译者注

孤独时期：女孩感到孤独与羞辱挫败

然而，将有这么一个关键事件，它遮蔽了小女孩自我感觉无所不能的天真快乐和桀骜不驯。男孩通过观察发现女性身体没有阴茎而为此感到焦虑，作为同样的道理，女孩对于她和那些男孩的性器官，采用了不同的观察角度。小女孩即刻产生反应——她没有拥有与男孩相同的延伸部位并为此感到失望："他，有我没有的东西！"在此之前，她相信阴道和阴蒂带来的快感并且增强了她有全能力量的感觉。但是现在她看到了阴茎，她开始怀疑自己的那些感觉并且自言自语——那些力量之源在她身上不存在，而是在他者身上，在男孩的生殖器中。看到阴茎的视觉冲击是如此的强烈，如同感受到了激发性欲的感觉。在她的内心感觉中，对阴茎惊慌失措的印象成为了优势印象；其之所观，终止其感。女孩也痛苦的察觉到被剥夺感，因为统治权的力量不再通过那些激起性欲的感觉进行血肉化的体现，而是通过男孩可视的器官进行血肉化的体现。现在，石祖是在他者身上，并且从现在起它的表现形势是阴茎。然后一个巨大的幻想轰然崩塌，成为刺痛而恼人的内在撕裂。在那些小女孩遭受"珍爱的阴茎被剥夺"而产生的痛苦时，对于这个幻想，我称之为"剥夺的幻想"，或者更确切地说"源于剥夺而产生的痛苦幻想"。当男孩活在**害怕失去**的焦虑中时，小女孩则活在**已经失去**

的痛苦中；当男孩畏惧**阉割**之时候，小女孩却为**剥夺**而哀叹。

回顾一下。在男孩身上，引导着俄狄浦斯情结解决办法的这个幻想是焦虑幻想。他相信拥有的令人崇敬的石祖，因为害怕失去，所以比起母亲来，男孩更钟情于自己的阴茎。对于女孩，则根本不同：她并不害怕失去，因为她已经观察到她没有阴茎并且她以后也不会有。与男孩子相反，她什么也没失去。是的！她不害怕失去，她没有遭受焦虑，但她遭受的是痛苦，是被剥夺的痛苦。诸位请看，焦虑支配了男孩，痛苦支配了女孩。那么是什么痛苦呢？当然是被剥夺的痛苦。被剥夺了什么？是曾经相信拥有的那不可估价的客体，但尤其痛苦的是自己曾经搞错了。是的，小女孩感到自己搞错了。全能的某人对她撒了谎，骗她相信拥有石祖并且她会永远拥有。但是除了她的母亲，这个某人还能是谁？一个母亲昨天还无所不能，而今天却表现出给不了她这个石祖，而且永远也给不了。是的，她的母亲也是完全被剥夺的人，并且母亲也仅仅只能得到蔑视和责难。

在这非常时刻，气恼的女孩改变了对母亲的方向，并且在她的孤独中，因被剥夺和被欺骗而生气发怒。被剥夺的痛苦和被欺骗的痛苦仅仅造就了孤独，并且这种伤痛我亦同时命名为"耻辱的痛苦"。这就是说作为不公平的牺牲品而感觉到的痛苦，以及感到自我被刺伤的印象而造成痛苦。这里，因自爱而产生的剥夺和创伤巩固了一个感觉，那就是耻辱。被剥夺的经验造就的经历是：对于拥有石祖"合法"的骄傲，是一次不可挽回的侵犯，亦是对她自爱欲*的一次耻辱打击。之前我们讲过，对

---

* 自爱欲：也叫纳西索斯情结，精神分析中的常见专业词汇。特指自恋。——译者注

于男孩，自爱欲客体尤其是他珍爱的生殖器官，正是阴茎—石祖，以及他选择了将其保留并引导他放弃父母。对于女孩恰恰相反，自爱欲客体尤其不是她身体的一部分，而是她的自爱、自尊，对自己的珍爱印象。石祖对于女孩，不是阴茎而是其**自我的印象**。然而，对于她的自尊自爱受创伤后立刻出现的反应，是要求把责任归给母亲并且抱怨遭受的伤害。之后，当女孩即将欲求她的父亲之时，会花时间去修复、和解，与母亲重归于好。在这一刻，小女孩是孤独的，因为她没有转向父母的任何一方：她已经拒绝了母亲并且还尚未求助并依靠父亲。这是一个孤独的黑暗时期，是女孩为她伤痕累累的自爱欲哭泣的时期。

总之一句话，如果男孩出离俄狄浦斯情结是为了保护他的自爱欲，那么我要说，女孩进入俄狄浦斯情结，将认知她的父亲，是想要医治她精神受伤的自爱欲。换而言之，对于男孩，捍卫保留了他的阴茎—石祖时，就已经停止了对母亲乱伦欲望的冲击；与此同时对安慰的需求则在女孩身上觉醒出新的欲望，这就是被她的父亲占有。她离开了她的母亲，并且为了得到安慰，怀着被父亲占有的希望而寻求她的父亲。对于男孩的情况，身体的自爱欲终止了俄狄浦斯情结；而在女孩的情况中，其自我印象中的自爱欲开启了俄狄浦斯情结。

对于持有石祖的嫉羡

现在重温前文中的内容，即小女孩发现男孩子身上有阴茎—石祖，但是她没有。她痛苦，感到自爱与自尊受到了伤害并且要求得到偿还，苛求着想要它回来："我想要这个石祖装在我身上，并且如果我有了它，哪怕冒险从男孩身上拔下来给我！"她这样喊道。这个追讨良好地表现了耻辱的痛苦自动降级，成为对持有石祖狂热的妒忌。女孩此时这种感觉影响，精神分析称之为"羡慕阴茎"，而我更倾向称之为"嫉羡石祖"，这样更合适地强调了女孩并不是嫉妒羡慕男孩的阴茎器官，而是把它当作力量的象征符号，这在孩子看来是肉体化具象的力量。**阴茎并非使其感兴趣，甚至有时还令她们讨厌；令女孩感兴趣并激动的，是她们猜想——这个东西提供了力量并且这个力量让她们感到嫉妒羡慕。**但是请注意！嫉妒不同于欲望，羡慕也不是欲望。一个是嫉妒并羡慕石祖，另一个是欲求男人的阴茎。诸位要明白，小女孩嫉妒且羡慕的是石祖，而女人欲求的是阴茎；嫉妒与羡慕是孩子气的感觉，而欲求阴茎是成熟以后自身的性欲冲动。那么，如果我们要做这样一个假设：小女孩欲求一个男人的阴茎，则应该将她转换成女人来看，就是说假设她成熟了，是俄狄浦斯情结的成熟，即首先她性化了她的父亲并自觉与他分开，然后变成在肉体中享乐的一分子，享受相爱男性生殖器的一分子。这个假设对吗？不对！羡慕并嫉妒石祖，是婴幼儿的羡慕，也是一个受伤、记仇、恋旧的孩子的嫉妒，是孩子想要恢复她以为被剥夺的力量的象征。请注意我强调了这个想象的辩论，女孩对等地和男孩斗争，并且采用雄性竞争者的姿态。

俄狄浦斯情结时期：女孩欲求她的父亲

此时这出戏有了一位新的人物角色，他就是了不起的爸爸，拥有石祖的伟大主宰。然而受伤的小女孩却总是充斥着妒忌，为了获得安慰和自我逃避，她转向了父亲，当然也因为想要父亲的力量和能力。她想要变得跟父亲一样强大，挥舞着石祖，成为世上万物新的女主人。对于这种自命不凡，她幻想中全能的父亲对此加以反对，最终拒绝并这样告诉她：

"不，我从来就没有给过你我力量的火炬，因为这力量来自于你的妈妈。"当然，说话的父亲也是一个夸张的漫画角色，这是执拗而反复无常的孩子幻想出来的父亲。这不是现实！现实中的成年父亲从来没这样说过。他如果也幼稚地回复这样的要求，则可能会倾向于采用这样的反驳："不，我的女儿，我不能给你纯粹的力量，那是你为了一个不存在的简单理由而归结于我的。你向我要求的石祖是一个孩子的梦，甚至这个梦是一个古老的奇美拉（空想），它引导人们自爱，但也会引导人们自毁。没有人拥有石祖并且将来也不会有。我唯一的力量，我的女儿，我最珍贵的力量，是生本能的欲望这至高的力量，它时刻鞭策我，让我做该做的事。这至高的力量，引导我爱当爱之人，并且把这生的欲望传递给你。你将继承在身并且转换成为女性爱的欲望、分娩的欲望，还有创造的欲望。"

这不可挽回却来自父亲的拒绝被小女孩接受，正如一记响亮的耳光，结束了她相信有朝一日能征服这神话中石祖的所有期望。她这才明白，自己永远不会拥有石祖。然而，她没有听任顺从。相反，她现在投身于青年欲望的完全狂热，在父亲的臂膀中，并非为了拔走他的力量，而是为了作为她自己的力量之源。是的！她曾经想要拥有石祖，但是现在她的考虑更加长远，她想成为石祖，成为父亲的那个东西。这意味着什么？这意味着小女孩想要自己完完全全地成为珍贵的石祖。换而言之，她想成为父亲的喜爱之物。因为"不"——父亲第一次的拒绝，她嫉妒父亲持有石祖的羡慕此后承担着这样一个位置——成为父亲的石祖、被父亲占有的乱伦欲望。当小女孩成为了妒嫉者时，她就采用了雄性的姿态。而现在她是一个欲望者，就进入了女性的姿态。对于羡慕男性的感觉，继之而来的是被父亲占有的女性欲望。

　　这也是小女孩对她父亲的性化，是她幻想中的主角，事实上女孩因此进入了俄狄浦斯情结。正是这样！快乐幻想绝妙地阐明了俄狄浦斯式的欲望，即被父亲拥有、成为他的女人。这个希望往往通过这句话来表达："当我长大以后，我要嫁给爸爸！"这是俄狄浦斯情结的大门，与此同时，母亲自被排斥之后，回到这幕戏，通过她的恩泽和女性魅力震慑着女儿，令女儿着迷。因此，之前被严重诋毁的母亲，现在被羡慕了，作为一个被爱的女人和女性魅力的标准而被羡慕了。小女孩完全自然而然地靠近了她的妈妈，并与之同一化。更确切地说，这个欲望就是想要获得像她妈妈那般讨人喜欢并且被她的伴侣疼爱。小女孩俄狄浦斯式的行为举止是完全取材于母亲具象化的表现来作为理想的女性标准；小女孩所有的听和看，都是在观察妈妈并学习她诱惑男人的艺术。这个年纪正是小女孩最热衷观察她们的母亲的时候，尤其是母亲在化妆或者打扮漂亮的时刻！如此赞赏母亲仅仅只是为了跃跃欲试的竞争：所有母亲对于女儿，也是一个令人敬畏的理想对手。然后，一旦完成这个首要的认同行为，即女孩完成了认同自己欲望中的母亲，那么此时她已经成为了一个被男人疼爱的女人，并且为他生儿育女。

俄狄浦斯情结的解决办法：女人欲求男人

父亲拒绝给予女儿石祖。与此同时，他现在也要同样坚定地拒绝女儿，拒绝成为性欲客体，拒绝把女儿当作石祖——即拒绝乱伦性地占有女儿。如同第一个拒绝"我不会给你我的力量！"，这导致女孩去责备她的妈妈并且对自己进行同一化，此时第二个拒绝"我不想你像个女人那样！"这引导小女孩认同父亲这个个人。因此，她产生出一种关键的现象，却是完全健康有益的，从而发展女性的俄狄浦斯情结：既然小女孩不能够成为父亲的性欲客体，那么她就想要成为父亲那样。"既然你不要我像个女人那样，那么我就要像你一样！"这是要说明什么？小女孩甘于压抑她被父亲占有的欲望，但并没有同时放弃她的人。当俄狄浦斯情结的男孩通过怯懦恭顺而放弃母亲时，女孩——她已不再失去任何东西，而是大胆狂热地去夺取父亲。她想要拥有石祖，父亲已经拒绝了她；她想要成为父亲的石祖，这也被打发走了；现在，够了！她想要一切，她想要父亲的全部，并且她即将拥有！怎么办呢？通过贪婪的吞噬，将这一切掺杂在一起，如此令她获得新生。这就是为什么我说，对父亲的去性化，其根本是因为哀伤：小女孩为性化的父亲哭泣，并且自身通过去性化而重生。悲伤仿佛沉浸了一切，结束了悲伤之后，通过同一化而将其消逝并结束。小女孩，已经放弃了幻想的父亲，通过对真实父亲的同一化将其结束。她杀死了幻想的父亲，但是成功地获得了认同与同化的标准。另外，小女孩停止在俄狄浦斯式的幻想中欲求父亲，却将这个人掺入了自我。由此实存的父亲拥有的一些行为或者特点，通过一些姿态、举止、欲望、道德观以及价值观等，浸润在小女孩身上。她是"父亲完全相似的画像"。识别了男性表达方式后与母亲的女性表达行为进行同一化，小女孩最终放弃了俄狄浦斯情结的那一幕并且从这以后开启了对于未来的？——她作为女性去生活、去寻找伴侣。请注意女性这两个认同与同一化的构成：与母亲女性特质同一化，并且与父亲男性特质相认同。这是通过父亲之前的两个拒绝而爆发的——拒绝给自己女儿石祖和拒绝把女儿当作石祖。

那么我们换个形式来讲吧。作为对我们之前理论的辅助，用父亲来反衬俄狄浦斯式的女儿。这激发了我的灵感，何不做一个强烈而简明的对话，来说明这传说中的两个主角呢？正好趁热打铁。但是诸位请注意，这幕戏中的父亲通常是一个健康的男人，而且爱着他的女人！

小女孩："爸爸，给我你的力量！"

爸爸："不！我不会这样做。我不会给你我的力量。我要把它给你妈妈！"

小女孩："但是，我想要让我成为你的力量！求你了，让我做你的缪斯*，你力量的火种之源。爸爸，我在恳求你！看着我！我是你最珍贵的客体对象。拥有我！"

爸爸："不！这没得商量！你不是我的女人。我已经拒绝给

---

* 缪斯：muse，古希腊神话中天生丽质、气质高雅，主宰文艺的女神。国内也翻译为"慕斯"。——译者注

你我的力量，并且我不会同意你成为我力量的源泉。"

小女孩："竟然这样！好！既然你对我剥夺了你的力量并且你不让我成为你的缪斯，好吧！我要征服你并且变得像你一样，我要怎么样？要比你更好！是的，我将吞噬你的全部并且我要像你一样，直到比得上你！拥有你这样的鼻子，拥有你那强烈的注视，让灵魂焕发光彩并燃烧你的狂野的欲望。我一定会像你一样强大！走着瞧吧，我还要比你强大许多！"

这就是一个小女孩年轻的贪欲、好斗的意志，只有实现她被爱的欲望才能停止，并且当这一刻到来之时，那便是怀了孩子。相爱并传递生命，归根结底，是大自然布置给女人最高尚的任务。好似大自然——如果真实的存在一个实体叫做大自然的话——会在内心这样激励她："用你的口和爪来捍卫你的欲望，保卫你的爱情并且安全地传递生命！"

在继续推进我们的理论之前，我想要告诉诸位，分析女性俄狄浦斯情结的文学作品，其中面临的问题是多么浩瀚无垠！多么的丰富！多么的不计其数！然而，所有作者汇聚了相同的结论，他们表明：女人味，或女性特质，仍停留为一个悬而未解决的谜题。但是一旦人认识到了自己的无知，就不能继续发展前进了。在我的工作中，我曾尝试深度挖掘在俄狄浦斯女孩身上可能存在的传说，通过糅合既往史并提出一个细节清晰的剧情，即通过精神分析理论和我从患者那里听到的内容，通过这两者激发灵感后而制造的剧情。我曾想戏剧化我直观的感觉——女孩不同于男孩，通过此起彼伏对爱的饥渴和她逐渐增强的俄狄浦斯情结显示其活力："给我！带走我！我要吞噬你！"伴随着欲望不可抵抗的愈演愈烈，是所有女性特质的本质。

女人最女性的特征总有父亲的影子

> "我的父亲对我留下了他的印记:我的欲望、我鼻子的样子、我步态的节律、还有让我感到女性最女人的一面,无一不被他的影响浸润着。"
>
> ——一位患者的独白

我想要在这个论题上稍作停留:女孩对于父亲这个人的同一化和认同。从临床的观点来看,诸位无法想象,被幻想出来的父亲对于一位女性的人生是多么的重要。当倾听一位痛苦的女士诉说时,请一定要问问以下这两点。第一点,是我已经多次强调的重要线索,在通常的冲突,女孩对于父母中的同性建立了怎样的枢纽关系,也就是母女关系;第二点,诸位要问问在她身上,父亲的影子是什么。是的!一个女人总是被父亲所影响。当我每一次倾听患者诉说时,我都怀有这个念头:她的心里总住着个父亲。当然这个同一化认同并非对所有女人都具备价值,但是当她坚定自我时,诸位如果能够良好地察言观色——当女患者或女咨客提起父亲的时候,比如脸上的漫不经心、皱起眉头、摩擦双手、努着鼻子,以及尤其那些不由自主地来回踱步甚至呆若木鸡——这些表现都可以轻易地减缓下来。女人会无意识地采用父亲那样的风范托着自己的头——这非常常见到。毋庸置疑，被幻想出来的父亲在女性的人生中占据了中心地位。

此刻，我想到家庭中最典型的处境。一旦女孩对父亲进行认同，她就会不再忍受真实的父亲，即亲生父亲。通常，她会和父亲闹翻天并且会谴责他的过错和软弱，或者更简单——变成他那样。同时，这个真实的父亲，在他女儿身上，化身为她自己的超我。女孩并不明白，她要变成父亲——自己最可怕的竞争对手，而父亲，已经变成女儿最难以忍受的镜像。

对此有一个最新的发现，是关于女孩对父亲认同的病理状态。当这个内摄没有被母亲的同一化抵消的时候，就会建立一种最坚韧的女性神经症，我形容为爱的歇斯底里症，其组成是基于爱人关系的拒绝。幻想出来的父亲占据了整个女人，她不能投入持久的爱情关系；她对于爱情所有的接受器都被无处不在的父母饱和了。她没有爱人但是极度地沉浸在被爱着的父亲中；她孤独且不满，但是充满了私密的情欲。她对男人既不记恨也不厌恶，只是简单地从性生活与爱情生活中隐退。总之，她更喜欢从内心保存着她的父亲，而不是去赢得一份情感关系。只是当她感觉到暴露在被遗弃的危险下时，从来都是脆弱的。

但是，除了因对父亲大量认同而出现派生的神经症，对父亲和母亲，小女孩在自己身上，通过各种方式来演绎何为女性，并且有时候还借鉴男性的表达方式。我可以明确地说，这是女性俄狄浦斯情结最常见的出路。事实上，俄狄浦斯情结的结束，是小女孩变成女人这个进程中漫长的一条路，她将采用这些男性和女性的表达方式，逐渐地把被父亲占有的欲望，改变为被所爱的男人占有的欲望。完成这个工程，是一个女孩对父亲俄狄浦斯式关系漫长地去性化。并且相应地，假设她采取了女性同一化。

女孩的俄狄浦斯情结如何变化并瓦解？我想对诸位谏言，这将是个理想的小说结局。被剥夺了全能的石祖造成的痛苦幻想，终将被抹去。现在，年轻的女孩已经变成了女人，完全忘记了之前幼稚的那个"有没有石祖"的二选一抉择。她不再根据男性石祖这个假设来评估自己的存在以及自己的生殖器。她曾经为错觉中虚假的石祖悲伤，而是观察到她的生殖器是另一种东西，石祖可以消失在其中。婴幼儿时她认为女人是下面被阉割的生物，此时她超越了这个想法，并且停止指责她的母亲，停止与男性相竞争。年轻的女孩认识了阴道，发掘出被穿插的欲望，并通过性的联合享受阴茎；同时，她认知了子宫，并且渴望为她所爱的男人生个孩子。

在总结之前还有句话，这是为了消除一个常见的误解。有些人认为精神分析的奠基概念是石祖，认为女人如同一个被阉割并且低下的生物。这真荒谬！精神分析唯一要做的就是——一次真正的革命——已经发现了人类生物被幻想占据——那些病态的幻想如同最祸害人的病毒，而幻想这些最致病的是：复现出女人作为一个被阉割的下等生物。这幻想全部出自于幼稚孩子简单的奇想。我很清楚这个幼稚的复现表象还存在于大量成年神经症患者的脑海里。也就只有这些神经症患者，才相信女人都被阉割了。很明显，这是错的！女性的性器官绝不是少了什么东西！女人有属于她自己的性器官，并且她以此而骄傲。这涉及她们的阴道、她们的乳房、她们的皮肤或者她们身体的全部——以及任何可以激发性欲的地方。女人因做女人而幸福。

但是为什么神经症患者中的男人或女人，他们认为只有女人是下等的？因为这涉及他们自身；他们才是这个弱小的"女人"！被固定在婴幼儿的幻想中，神经症患者生活在被阉割的威胁之下。同时，他所有感情关系的经历都是一种防御姿态：他经常性地保持警惕，为的就是把正常的事情修饰成虐待或者受辱，并认为这来自于周围人，来自于他信赖的人……甚至他们不想依赖而毫无价值的人。如若如此，在这些幻想中，神经症患者自语道："他们别想掌控我！我才不是懦弱的小女人！"或者女性神经症患者这样自言自语："我才不是他们的女仆！"当然，精神分析假设了石祖存在并且假设女人是被阉割的。但是诸位应该明白，其实石祖是一个幻觉并且女人并非被阉割。这些假设存在于那些神经症患者和孩子的无意识想象中。

总结女孩俄狄浦斯情结的逻辑

与男孩的俄狄浦斯情结一样,我们也谈谈女孩的俄狄浦斯情结是如何贯穿的。我现在总结一下女孩的俄狄浦斯情结发展的逻辑(表1,图3):

表1 女孩的俄狄浦斯情结逻辑

阶段	描述	概要
前俄狄浦斯情结时期	"我4岁。我感觉到阴蒂的兴奋。→我有石祖。→我为此骄傲并且相信自己有全能的力量。→一切都像个男孩，我渴望拥有我的母亲。"	女孩像个男孩
孤独期	→在一个完全裸体的小男孩面前，我发现我没有石祖，我痛苦地感到被剥夺了→我证实母亲也被剥夺了石祖→曾经使我相信我们两个都有石祖而欺骗了我→她地狱般可恨→我放弃母亲→现在，我觉得孤独并且耻辱啊，我的自尊受到了伤害。	女孩感到孤独和耻辱
俄狄浦斯情结期	→我现在把方向转向了我的父亲→石祖伟大的拥有者→完全嫉妒和羡慕，我要求他把石祖给我→他拒绝了我→我明白自我要求远也不会拥有它。→我要求我的父亲安慰我的渴望石祖转变成功的欲望。我不再想拥有父亲的石祖，我想变成父亲的挚爱→因此，我使自己和母亲同一化，成为成人渴望的女人的女性特质的标准→我欲求被父亲占有。	女孩欲求父亲
俄狄浦斯情结的解决	→我的父亲拒绝了我→我对父亲去性化，但灵魂渗入了他人→渐渐地，我变成了女人并且对我爱的男人付出→我停止参照传说中的石祖评估我的性器官并且认识到了阴道、子宫以及我的伴侣生个小孩的欲望。	女人欲求男人

```
对父亲的认同 ── 放弃幻想中的父亲并且对    ⎫ 父亲的去性化
              真实父亲的个体认同          ⎭
                        ↑
            ┌─────────────────────────┐
            │父亲的第二个拒绝：拒绝在性上占有女儿│
            └─────────────────────────┘
                        ↑
传说中虚构的 ── 被父亲占有的欲望           ⎫ 父亲的性化
乱伦欲望                              ⎭
                        ↑
            ┌─────────────────────────┐
            │父亲的第一个拒绝：拒绝给她石祖   │
            └─────────────────────────┘
                        ↑
嫉妒羡慕阴茎 ── 想要拥有男孩石祖的愿望，    ⎫
的愿望         之后是对父亲产生这个愿望      │
                                      ⎬ 女孩自己感到
被剥夺后的 ── 被剥夺自以为曾经拥有的        │   完全的孤独
痛苦幻想       石祖的痛苦幻想              ⎭
                        ↑
            ┌─────────────────────────┐
            │看到裸体的男性身上有阴茎       │
            └─────────────────────────┘
                        ↑
快乐幻想通过 ── 快乐幻想：对母亲主动的性欲姿态 ⎫
行为举止表现                              │
                                      │ 母
传说中虚构的 ── 渴望拥有大他者的身体（母亲）   ⎬ 亲
乱伦欲望                                  │ 的
                                      │ 性
石祖     ── 全能力量的幻想—石祖            │ 化
激起性欲的感觉 ── 阴蒂的感觉                ⎭
```

图 3　女孩的俄狄浦斯情结逻辑

第三篇
关于俄狄浦斯情结的问答

俄狄浦斯情结的概念解决了什么问题?

（围绕俄狄浦斯情结这个主题，我选择不同于记叙的口头表达方式来回答这些问题。这些回答取自作报告时对在场听众提问的回答，我挑选了比较有影响力的问答在这里写下来）

□ 您总是说，一个精神分析的概念是对一个问题的回答。那么怎样的问题引发了俄狄浦斯情结？

的确如此！一个精神分析概念唯一的价值是：它在学术理论和我们有效果的实践操作上均表现出不可替代的一致性。这是最真切的原则，对于我之前向诸位陈列出的那些问题，它能够通过一个概念进行良好的诠释。那么俄狄浦斯情结到底是要解决怎样的问题？对于我，俄狄浦斯情结回答了两个问题：如何构建出男人或女人性的同一化；以及一个人是怎样变成神经症患者的。所以，解决俄狄浦斯情结的问题，就是解决那些成人性欲起源的问题，除此以外，还有我们大部分神经症痛苦的起源。这两个问题——性欲和神经症，是如此的紧密叠加在一起，可以说神经症的产生是由于婴幼儿时期性欲的混乱、过度发展或者被抑制造成的，导致患者在成年后发病。实际上，俄狄浦斯情结让我们明白，有多少情欲的快乐占据了4岁的孩子并能转变成神经症的痛苦,直到这些男女四五十岁的时候仍折磨并纠缠他们。

此时我同样想要归纳这个理念,但是同时也请诸位回想一下,是谁引导弗洛伊德发现了俄狄浦斯情结?弗洛伊德在何处迸发出了俄狄浦斯情结的理念?是来自于观察儿童吗?当然不是。当然,弗洛伊德注意到了孩子的行为举止,但是他并非是在学习"父母—儿童关系"之时构想出俄狄浦斯情结的概念,甚至也并非通过真实的家庭假以时日的研究,日积月累地巩固了弗洛伊德学派的发现。不!并非是这些孩子引领出了俄狄浦斯情结。我们应该猜想一下,正如弗洛伊德学派的创造也是来自于弗洛伊德的自我分析。事实上是通过做梦,通过分析梦境,由此呼唤出童年的记忆并且写下他的那些反应,写信告诉了他的朋友威廉·弗里斯*——弗洛伊德起草俄狄浦斯情结的通信人;掌控俄狄浦斯情结的基础是通过杀死双亲的欲望和产生的负罪感,同时俄狄浦斯情结这一理论想法第一次公布于众是在1897年,那一年他的父亲贾克波·弗洛伊德去世。**然而,这并非始于自省从而抓住精神分析的这个核心概念。我猜测是其他别的。我会对此再进行叙述。俄狄浦斯情结是弗洛伊德通过倾听那些成年患者而铸就的一项发明。容我为诸位娓娓道来这个杜撰的故事。

让我们回到1896年的维也纳,来到柏格巷(*Berggasse*)19

---

* 威廉·弗里斯,*Wilhelm Fliess*,卡尔·亚伯拉罕的主治医师,与弗洛伊德的信件多讨论并奠定了精神分析的基础。——译者注
** 弗洛伊德正是在这一年,展开了对自己的分析。——译者注

号。* 在咨询诊所里,弗洛伊德正接诊一位歇斯底里患者,那患者正在谈及他的童年。一切都在小心而专心的倾听下进行着,弗洛伊德寻求着这个命题的确认——最近才起草关于歇斯底里病因学的理论。其实在这个时期,他认为歇斯底里症是由于患者无能为力去回忆起在最初生命中的那几年中突发的性创伤而被激发的。他认为,作为孩子,患者忍受过来自成人实施的性虐待,并且这诱惑的一幕被固执地遗忘就转变成了神经症。当这诱惑的一幕被压抑而保留在无意识之中时,它转而表达的症状就是制造痛苦;但是只要回到了意识中,它就失去了致病力。"正是这样治疗歇斯底里症",弗洛伊德自言自语道,"应该是那些埋葬在无意识中的包含了性的内容的场景,它们变成了意识,这是唯一削弱它们的机会,并且终止它们继续作为病灶。"同时,弗洛伊德倾听歇斯底里的年轻患者时,尝试去了解是否在他的童年中,曾经被成年人引诱,如果是这种情况,则应尝试让他们详尽叙述故事的细节并且尤其是要让他们重现过去的创伤经历。许多人都知道,经过一些年后,弗洛伊德对他的理论实施了一个重大改变。他已经认识到,这些著名的诱惑场景并非都存在于现实场合,更贴切地说,大部分都是患者想象中的幻想。也就是说,神经症的症状并非是遭受了真实的性虐待后发展的结果,而是一个幻想中的性虐待——并且后来又被遗忘了。"实际上,无所谓这个事件是真实还是幻想",他自言自语道,"婴幼儿对于性的引诱而上演的场景,被下流邪恶的成人猥亵,它的长期存在成为歇斯底里症真实的原因。然而在这种情

---

* 现在为弗洛伊德博物馆,弗洛伊德在这个地方开业做精神分析的接诊及研究及居住于此近 40 年。——译者注

况下，它已经被压抑了。"回顾上述内容，歇斯底里症——即癔症，首先是一个遗忘了某事的疾病，癔症会歇斯底里正是因为患者不愿意回忆起那些曾经遭受的痛苦。

  但诸位要问我了：这是什么关系？它伴随着俄狄浦斯情结吗？好吧，我相信弗洛伊德通过思考这些剧本和其中的演员们，反映出了俄狄浦斯情结，并思考哪些演员介入在诱惑的场景中。在神经症的情况中，小女孩被她自己的父亲引诱。幻想诱惑的场景成为歇斯底里症的原发。在弗洛伊德的想法中，孩子被父亲诱惑的那些幻想场景，并没有使他因此成为性虐待的受害人，也没有因此产生有害作用使快乐变得迟钝；他满足于父母一方比习惯上稍微更多的关注，为此孩子则感受到过分的温柔，这好似挑起性欲的一根刺，产生极度强烈的性快感。但是已经考虑到的父亲，还不是俄狄浦斯情结的全部发现。它缺乏主要因素。我认为说到这里就非常清晰了。通过倾听患者详细叙述童年的性的突发事件，弗洛伊德想象了这样一幕：认同被引诱的儿童这一角色并且觉察到这孩子并非简单的被动，而同时也存在着让父亲诱惑他的**主动欲望**。是的！俄狄浦斯情结的关键钥匙就在于孩子被父亲占有的乱伦欲望。弗洛伊德发现俄狄浦斯情结，是通过诱惑的这一幕场景，那些担惊受怕的小女孩，对于成人侵犯者是被动的受害人，天真无邪却怀有肉欲的小女孩在那些俄狄浦斯式的场景中是无意识的教唆犯，她煽动父亲或者长兄对其产生性欲求。诱惑场景中的孩子是一个受害人，然而当孩子在俄狄浦斯式的场景中时，他是一个这样的孩子——在被诱惑的欲望和对此产生的害怕之间、在渴求快乐和害怕尝试之间——被折磨的孩子。

现在我们总结一下这篇文章对俄狄浦斯情结的探索发现。我们可以回顾诸位最初的提问：俄狄浦斯情结究竟能解决什么问题？俄狄浦斯情结是一个**诱惑的幻想**，是所有男人和女人性同一化的基础：一个快乐却又焦虑的幻想。习惯上而言，这个幻想通过孩子实施新陈代谢，但是可以产生快乐、焦虑或者痛苦，这些是创伤性的并且难以被压抑，也就是说之前的情绪经历，通过俄狄浦斯式的孩子在诱惑的形式下，是如此的猛烈，其活跃性保留下来并且在成年时激发某一种神经症。俄狄浦斯式幻想并非就这样被清除，它仍然保留致病性，使其处在意识水平，同时又重复地、强制性地且自动地表露在神经症患者的生活中。

□ 孩子在什么年龄第一次感觉到性快感？

首先，是这么一件事：儿童获得性快感——这个过去经历是与我们成年人完全不同的自然体会。这是说，我们知道在子宫内，胎儿可能已经拥有了勃起，这已经能令我们猜想他已经存在了一种经历——如果不是性的兴奋，那至少也是生殖的颤动。就是说孩子在胎儿期时竟然已经尝试了性快感，在这种条件下孩子的身体接触了成年人而自发兴奋，渴望着得到照顾而快乐，这是最温柔也可能是最纯洁的。从这个角度，我要给诸位讲一些弗洛伊德留下的令人惊叹的线索。弗洛伊德毫不犹豫地将"温柔的感觉与性爱视为相同"。他断言并认为："孩子和母亲的关系对孩子而言，是来源于性满足和性兴奋的延续，正因如此而证明对孩子自身性生活衍生的感觉——如拥抱、摇篮，考虑其完全是性客体的替代品。如果向一位母亲揭示，正是通过她的温柔,才产生了孩子的性冲动。这位母亲很有可能会觉得山崩地裂般的震惊,因为她相信那些行为只是表达出无性而纯粹的爱,她并没有使孩子的性器官兴奋,更没有对孩子有肉体上的照料的需求。这其中性欲根本无立锥之地。但是我们知道,性冲动并非仅仅是通过生殖区域的兴奋而被唤醒,温柔的爱也可以让它非常兴奋。"

在给诸位介绍俄狄浦斯情结的时候,我早已说过,性欲是爱的核心并且也是家庭中憎恨的核心,但是在我宣读的这一篇章中,弗洛伊德已经做了极大的发展,因为他没有说"性"隐藏于温柔中,而是说温柔本身就是"性"的兴奋。

□ *如果这是真的,一个婴儿可以在母亲的臂膀中体验性快感,那我们是否可以推断出俄狄浦斯情结在3—4岁前就可以出现?*

这其实是梅兰妮·克莱因*的理论观点,她假设俄狄浦斯情结早发于新生儿;而对于这一点,既然儿童的欲望仅仅是其对母亲欲望的延伸,拉康也认为俄狄浦斯情结没有年龄界限;在前一段文章中,我们已经对弗洛伊德的观点有所了解。所以对此而言,克莱因与弗洛伊德在俄狄浦斯情结的诠释中有一个非常关键的不同。对于梅兰妮·克莱因而言,婴儿的色情冲动好似穿衣服那样,穿上了"感受到的母亲"这个外衣,而非穿上"一个普遍

---

* 梅兰妮·克莱因(Mlelanie Klein),1882—1960,生于维也纳,英国精神分析家,主要成就在于对儿童的精神分析及客体关系理论的发展。——译者注

意义上的个人"，但这就如同一个部分的客体；母亲简化成了乳房。克莱因式的俄狄浦斯情结可能分为口腔期的、肛门期的，等等。而弗洛伊德则不同。他定义的俄狄浦斯情结，仅仅只是存在于把母亲或者父亲处于儿童的色情冲动的情况下，父母作为一个具有普遍意义身体的个人，孩子想要通过欲望去占据并且敏感地体验快乐。简而言之，梅兰妮·克莱因认为俄狄浦斯情结是口腔或者肛门，而弗洛伊德认为俄狄浦斯情结早已超越了性成熟前的意义，并且在生殖范畴内，它首先是石祖式的。

□ 当单亲母亲和孩子生活的时候，发生了怎样的俄狄浦斯情结？

大量的证据表明，在这种情况下母亲是欲望者。无论母亲是否单身她都明白，她依恋着某些人，同时欲求着某些人；并且，这种情况下她没有爱情伴侣，就会盘算着除孩子外，对一些其他的事物发生兴趣，在她的生活中，她对孩子的爱也并非只是爱。简而言之，俄狄浦斯情结始于母亲在她和孩子之间欲求一个第三者——这就是父亲！父亲正是母亲欲求的第三者。

> "弗洛伊德并没有对这个古老而富有神话虚构色彩的主题给出一个科学的解释。他建议并给出了一个新的传说，这就是他所做的。"
>
> 维根斯坦（Wittgenstein）*

---

* 路德维希—约瑟夫—约翰·维根斯坦，1889—1951，生于奥地利，后入英国国籍，著名哲学家、数学逻辑学家、语言学奠基人。——译者注

当然，弗洛伊德提出了一个新的传说，却又多么的虚构荒诞！多么的丰富！多亏了这个绝妙的理论装备，才使得精神分析家在今天学会了倾听患者并且让他们释然。

□ 总之，俄狄浦斯情结究竟是一个观察到的现实，还是精神分析家们推论的一个幻想？

我已经给诸位明示过，俄狄浦斯情结既是现实也是幻想，但是得益于你们的提问，可以有区别地审视这个问题。我们认为俄狄浦斯情结是多个矛盾感觉的集合，这其中的自然无意识反映着过去经历中，孩子和父母之间三角关系的那些有意识的感觉。实际上，俄狄浦斯情结是通过主体间的现实而产生的主体内情结*。这一点非常重要，构想俄狄浦斯情结如同一个无意识幻想在独一的个体身上，甚至应该支撑着另外一个欲求的个体——为了这个幻想的构建和维持，我们刚才解读过弗洛伊德。然而，我们应该明白俄狄浦斯情结幻想是一个假说推测，一个始于儿童对其父母的行为而构建的精神结构，且尤其始于那些成年人患者在分析时讲述出来的那些童年记忆。因此，俄狄浦斯情结并非总是一个可以观察到的现象，也不是一个可以证实的假说。精神分析也不是一个行为科学。不是！应该把俄狄浦斯情结当作一个有效的理论性图解，在一个独立个体的情感生活中与我们的文化中，它拥有不可否认的冲击。确切而言形容

---

* 主体间：intersubjective；主体内：intrasubjective。——译者注

其为幻想或者传说。要么这样讲更合适：根据临床观察的角度，俄狄浦斯情结是一个幻想，于生物内在最根本之地发生作用且影响着其全部。从文化观察的角度，俄狄浦斯情结是一个传说，对于所有人的空想神话，它是一个象征性的寓言，简单、惊人且令人印象深刻，它在家庭每个角色中制造这样的一幕——具象化一些人类欲望的力量并且反对另一些禁止的项目。然而，无论是幻想或者传说，俄狄浦斯情结都是一个非常关键的不可替代的概念，对于精神分析实践有效且是中流砥柱。我毫不犹豫地要告诉诸位：若没有俄狄浦斯情结这个概念，大多数基本分析性概念将会偏离，若没有俄狄浦斯情结这个幻想，我们将不能清晰了解到精神病痛苦中那无尽的复杂性。的确，多亏了这个绝妙的概念作为工具，精神分析家才能在今天懂得倾听他们的患者，理解他们，令他们释然。此时我想到了拉康强调的一段文字，表明俄狄浦斯情结所具有的不可替代的理论价值。这就是他写下的《1967年10月9日对学校的精神分析家的建议》："我想用这盏提灯指明这里，离开俄狄浦斯情结，那么精神分析……整个变得完全就是在审判妄想……"不可争辩，俄狄浦斯情结是分析大厦中的奠基石：它是一个婴幼儿性欲明显的骤变发作；是一个无意识的幻想；是一个社会的传说；并且是精神分析最关键的概念。

在索福克勒斯的悲剧中*，主角其实是英雄们无法抗拒的命运。在俄狄浦斯情结中，命运又具有怎样的

---

*Sophocle，索福克勒斯，古希腊著名悲剧剧作家，《俄狄浦斯王》的作者。——译者注

一席之地呢？

别忘了，弗洛伊德曾经总是被命运所困扰，被那些我们生命中如期而至以及不可知的命运所困扰。年轻的俄狄浦斯通过杀死他的父亲而完成了命运，然而与此相矛盾的是，拉依俄斯*已经做了能做的一切工作来逃避神的旨意——旨意是预示着他的儿子将要杀死父亲。对于命运，无论如何都认不清、逃不掉！同样的，对于俄狄浦斯情结的考验没有孩子可以逃离出来，并且这会永远印刻在孩子身上。但是涉及了怎样的神秘考验呢？我们命名的俄狄浦斯情结，是怎样一个不可回避的仪式？这是丧失与哀伤的经历，其内容是丧失了幻想中的父母作为性伴侣，并且为此而哀伤。是的！俄狄浦斯情结是在孩子的生命中，第一次从内心深处超越并摆脱自己的父母。这是必要的分离，将预示着在未来某个时刻，年轻人成年之际脱离监护。关于涉及的男性和女性的俄狄浦斯情结，在这两种情况下都是要不可避免地失去父母。当然，在出生的时候，分娩就是一次孩子与母亲的分离**，在他学会走路之时就开始了另一种人生，之后他打破了家庭这个茧并步入了幼儿园，但是这只是俄狄浦斯情结的尾声，小男孩与小女孩有区别地感知他们的父母然后更加不同地爱他们。他们终止了对父母的性欲渴望并且以此学习对他们温柔的爱或恨。当然，这是理想的超越与分离——即在我们的日常生活中，我们总是持续地在性上欲求我们的父母，最常见

---

* 拉依俄斯，Laïos，是《俄狄浦斯王》剧中的先王，也就是俄狄浦斯的父亲。——译者注
** 从母亲体内离开来到外界成为独立的个体。——译者注

的模式就是升华为温柔。而另一种情况则非常不幸，这归因于持续的欲望总会致病，成为痛苦的冲突。

□ 对于男孩而言，您是否可以重新解释一下"反向的俄狄浦斯情结"？

反向俄狄浦斯情结是孩子对于同性别的父母方的性诱惑。关于男性的俄狄浦斯情结习惯上而言，男孩煽起情欲的依恋对待母亲而使用记恨的敌意对待父亲。然而往往会发生这样的情况，男性的俄狄浦斯情结并非是围绕儿子与母亲的欲望关系，而是儿子与当作性伴侣的父亲之间的欲望关系。是的，在儿子的脑海里，父亲也是一个性伴侣。这被称为"反向的俄狄浦斯情结"。为什么会这样构造？作为回答，我要为诸位说明男孩俄狄浦斯情结中包含的三幕剧本。这样的俄狄浦斯情结实际上是为了活得快乐的结果，通过希腊式的悲剧突出我们是什么。这个技巧引领我不仅仅作为另一种方式能够使诸位回忆起俄狄浦斯式生动的基本要点，更是要深入地理解，相比母亲而言更常见的男性俄狄浦斯情结的主角是父亲。

让我们来看看这悲剧的三幕剧本吧。起始于**第一幕***，包括女孩和男孩。拉开帷幕，所有的角色一起登台：一个小男孩，一个小女孩，一位母亲，一位父亲，同时还有一切在这个星球上居住的人类。诸位想象一下，这一幕人非常多，对于每个人的世界，从这两个孩子的眼睛来看，力量主宰者的表象是可视

---

* 此篇章因为作者采用了问答形式，其中提问存在关联。第二幕和第三幕在后文的问答中出现，均用加粗字体标出。——译者注

的身体特征符号：阴茎。在男孩和女孩的脑海中，所有人都拥有阴茎，或者更恰当地说，所有人都通过阴茎享有了被表现出的力量。弗洛伊德命名了这个俄狄浦斯情结的开幕——普遍拥有石祖的前提。此刻支配在孩子身上的，是他们着魔般地相信，所有人普遍都是有着一根卓越的阴茎的持有者。我在此要立刻修正，应该替换"卓越的阴茎"这个表达，并使用"石祖"来替代它。

□ 恕我冒昧，但是我并非能够时刻都理解怎样把阴茎的概念升华到石祖。您是否可以让我们听听关于石祖的明确解释？

我们把石祖之名给予阴茎的幻想、阴茎的主体性释义，以及每个感知到阴茎式延伸部位这种方式的人，无论男女。更普遍而言，我们采用石祖这个词来描述所有客体的幻想，这些客体曾经装饰了我们孩子的眼睛，以及我们成年后最具备价值的情感。当我讲"孩子的眼睛"之时，是为了让诸位明白我们对一个生命体或者一个客体带去醉心而富有感情的爱，都是一种孩子式的爱，因为爱谁、怎么爱，仅仅只是提炼了孩子式的天真。爱，是纯真的信赖——这个纯真对我们弥足珍贵——人生的另一半，我们的爱人，将有一日令我们满意。好吧，这些美丽动人的期待是爱情带给我们的幸福，让我们安心，给我们力量。同时，所有被爱、被欣赏以及被拥有的客体在我感觉到自我的时候，使我安心并且巩固我的内心。然而如此被投资、如此满载着我所有的情感并且对我而言无可取代的这个客体，它就叫做石祖。石祖这个词的描述，是当他幻想的时候不仅限于阴茎，就是说当他的过去经历正如一个力量的象征之时，更是所有的人、客体或者那些我本能去依恋的理想标准，这些理想和标准与我相关密切，并且我感觉到这是力量之源。我们把给予高度投资的一切事物冠名为石祖，如此的投资、如此的被珍爱，它中止了具象化而变成了幻想。一位母亲、一位父亲、我们的联合、阴茎、阴蒂或者甚至一间屋子、一生的职业人生经历、军衔及学位……这一切都是具象化的支撑物，都可以变成我们的石祖。然而哪些具象化事物是让俄狄浦斯式的孩子感觉到拥有了一个石祖呢？我的回答是：他的身体——他自己的身体。对于男孩，石祖真实的基础，是他的小性器官作为激起性欲的延伸部位，或者还有源自睾丸或者小腹的兴奋。对于女孩，石祖现实的基础是源自于她所有生殖器官一起激起性欲感觉的集合，尤其是她的阴蒂。

□ 如果您了解得很清楚，例如一个母亲可能在她儿子看来，也可以很好地作为一个石祖携带者并且自身也是石祖吗？

完全正确。当一个母亲苛求着她的权威时，她就有石祖；但是当一个孩子觉得这对他而言就是一切时，那么她就成了孩子的石祖。如果我的母亲因为我的所作所为而发怒，她就是"石祖式的"并且是全能的；如果相反，我与同伴媲美为了知道谁拥有最美丽的妈妈时，我的母亲就是我的最珍贵的石祖。您可以看到一个母亲能够被双重地幻想出来，既拥有石祖却又成为石祖。

☐ 男孩是否能够拥有两个石祖，他的阴茎和母亲？

当然！并且这仅仅只是存在于解析俄狄浦斯情结期男孩的问题；不能保留两个石祖，他就要选择一个或者另一个：他的阴茎或者母亲。但是他始料未及，因为这个重要选择将仅仅只是被切断俄狄浦斯式悲剧中对母亲的行为。此刻，首先是要保留阴茎。我要告诉诸位，孩子相信所有的人类都配备了相同的象征标志，正如他所拥有的石祖那样。无论男孩或女孩，他们感觉到激发性欲的感觉，并观察自己的生殖器，然后自摸，以此理解全能的力量并且静静地看着周围的那些角色——给他们提供全能力量感觉的相似者。这对于孩子感知自己与感知他者时非常有益，从而无声地铸就自己，并着魔般的相信一个普遍存在的石祖。看、感、信，这三者是俄狄浦斯期孩子无声的行为。总之，孩子们拉开他们的俄狄浦斯情结的帷幕起始于在错觉中幻想树立石祖即肉体上的表象——阴茎，以此为普遍性标志。这就是我们剧本中的第一幕：所有人都是强者。这个基础的脚本却往往被遗忘在分析性质的专著中，尽管这个被遗忘的阶段恰恰通向了阉割情结焦虑的概念。为什么？因为只有首先相信石祖是强大且极好的，才能在之后看到"石祖被剥夺"而出现害怕。

现在来看男性俄狄浦斯情结的**第二幕**。女孩的俄狄浦斯情结遵从的是另一个剧本。现在我们要对这个议案做出合理的解释：是父亲而非母亲作为男孩俄狄浦斯情结的主角。这是有理论前提的。通常意义上幻想石祖的错觉一直占据着脑海，男孩建立了两个基本的感情关系：一个关系是渴求母亲并把母亲当作一个性的客体，第二个关系，即爱着父亲，把父亲当作一个模仿的榜样。小男孩把父亲当作一个理想对象，他想要与之相似。简而言之，对母亲的关系——性的客体——对男孩没有别的只是欲望的欲念，然而对于父亲的关系——理想的客体——是基于爱的感觉。这两个心理运动，对母亲的欲望和对父亲的爱，弗洛伊德会这么讲，"彼此相互接近，通过相识而结束，而这感觉上的相识产生的结果正是正常的俄狄浦斯情结。"我换句话说将其翻译一下：对于男孩，正常的俄狄浦斯情结意味着渴望其母并似如其父。

但是现在进入**第三幕**。突然，小男孩被一个强有力的敌人震慑，他挡住了通向妈妈的路。通过这个比他强大的竞争对手孩子感受到了威胁。在这个糟糕状态下的焦虑——阉割情结焦虑产生的作用下——小男孩将最终放弃拥有母亲的欲望和消除父亲的企图*。然而，这触发了戏剧性的变化！一个出乎意料的颠倒情况继之而来。有了阉割情结的威胁却没有看中任何一个客体，男孩突然转向了他的父亲并且寻思着："何不换一个伴儿呢？他怎么样？代替满足我拥有一个女人的欲望"，他自语道，"我能够使他满意，伴随着对等的快乐，让我被一个强大的雄壮的男人所拥有。"这是怎么一回事？完全倒戈了嘛！理想的标准激发了爱慕且竞争对手引起了他的害怕，如此的父亲对于男孩而言，变成了一个存在的生命体兴奋了他的欲望。从前，父亲是那个他想要成为的存在，是个理想标准；现在，父亲是他

---

* 这个"消除"在原文中是 éliminer，有排除、消除、排泄、消灭、除掉的意思。作者在此并没有使用 tuer "杀死"，因为在孩子的意识和无意识中，尚未存在成年人一般意义上解读的"杀死"，往往只是认为将自己排斥的人简单地"抹去"。——译者注

想要为自己拥有的人。因此，往往一个小男孩对来自特别严厉的父亲产生的阉割情结威胁，他的反应是把自己重合在一个女性的位置上，并将自己置之于此从而替代了一个顺从听话的女性——父亲欲望的客体。这里就是我构思的反向俄狄浦斯情结，非常有用的表述却少有人很好地理解。反向俄狄浦斯情结，对于理解男性神经症的原发性十分重要，它构成了小男孩面对父亲时感觉的根源性转变：父亲——被慕求、被仇恨、被畏惧的客体——在孩子的眼光中他的出现可能正如一个孩子想要把自己交托出去的性伴侣。拥有母亲的欲望调转成了被父亲拥有的欲望；而排斥父亲的欲望调转成了被引诱朝向父亲的欲望。这就是男性俄狄浦斯情结组态的两个经典颠倒。同时，父亲在小男孩眼中有四个不同的样子：如一个理想标准被爱，如一个竞争对手被仇恨、被畏惧，以及如一个想把自己交托出去的性伴侣被欲求。在这四个行动中：对父亲的爱、恨、怕以及欲求，尤其是欲求：我如此地再三强调，正是因为在将来，它对于年轻男子的性同一化方式有着至关重要的影响。但是请注意！这并非是说男孩欲求了父亲就生硬地认为将来他会成为同性恋或者神经症患者。只不过一旦成人后，他将印刻着一些奇特的偏爱并且有一些过分敏感的考究，并非如此就要遭受神经症困扰。总之，这就是我的讨论要点：男性神经症最常见于通过反向俄狄浦斯情结被激发，它凝结成了一个扰人的幻想；神经症患者的问题往往总是和父母同性别的一方斗争的冲突关系有关。

  对于男孩的俄狄浦斯情结最后得出一个推论：这些来自父亲的显著行为——如理想标准而被爱，如竞争对手而被恨并被畏惧，以及如一个性欲客体被欲求——这将定义年轻男孩的正常超我。因此，超我是一个结果：在自我中，从这四个方面对待父亲而产生的混合物。这多亏了这个内摄性认同*：因为这些不同的感觉，孩子终于开始脱离了实存的父亲；当小男孩面对父亲时，有些东西在内心中的布局已经改变。他脱离了真实的父亲却在自我中保留了这些——往往当超我形态激励他去获得一个理想时；时而痛心并害怕承认错误而面对处罚时；有时候实现了一个欲望而兴奋时……正是这一切，都有利于促进面对社会活动时而诞生必要的羞耻感。

□ 但是这是怎样发生的呢？在您呈现出的这幕悲剧中，将阉割情结置于何处？

确切地说阉割情结建立在第三幕。阉割情结总被说成是焦虑，因为阉割情结仅仅只是在焦虑威胁的形态下，使主体不安。如果我们的情况是留在反向俄狄浦斯情结的边缘，并且保留了俄狄浦斯情结的经典组态，在那些男孩乱伦母亲的欲望之后，我们可以认为是三个原因激发了阉割情结。首先非常简单，父亲这个人物出现在现实中；我们知道，他是一个令人焦虑的存在。接着，一个来自父亲专横的命令下达给男孩："你不应该……你没有权利在你的欲望中坚持延续！另外，你将和我打交道！"请注意，这个威胁可能是被母亲或者阿姨说出来的——无所谓，但是它表达出了不可改变的、印刻着亲生父亲权威的社会戒律。无所谓哪个人提醒了禁忌，在这个不容置疑的戒律

---

* 内摄性认同：introjection，是把外部对象或自己所赏识的某些人物的特点结合到自己的行为和信仰中去的一种防御机制。

中父方的角色是要点。诸位懂我的意思：正是因为这个不容置疑的戒律是父方的。因此，这个乱伦禁忌的戒律和所有普遍意义上的律法都保留着父亲权威标志的烙印，因为没有商量的余地。无所谓是男性还是女性的哪个声音提醒了禁忌，这并无区别，要点是这声音掷地有声。通过一个坚定而冷静的权威，这个威胁应该被大声地说出来，这权威能够审判、定罪以及惩戒："你不应该睡你的母亲而且还把她当作性的客体，否则你将被惩罚！"怎么惩罚？"通过阉割你的阴茎实施惩罚，或者恰当些，惩罚就是阉割那些令你生气勃勃而傲慢自大的一切力量。"最后，第三个焦虑的原因，其组成不再是依靠批评者的声音宣讲出威胁的言辞，而是通过视觉上看到的经验来暗示出威胁。男孩——因为我们一直在男性的俄狄浦斯情结中——有一天发现妹妹或者母亲的裸体，有一处缺失留下的模糊暗影。在观察了耻骨区域阴茎的缺失之后，他开始害怕并且焦虑。"既然她没有阴茎，他自言自语道，好吧，她没有力量。然而，如果有这么一种人是没有阴茎的，这将意味着我也有被剥夺的危险。"

简而言之，通过父亲这个雄伟威严之人的在场而被压制，视觉评估了存在被阉割的人从而考虑到惩罚和挨打戒律产生的威胁，小男孩焦虑了，他压抑住他的那些乱伦欲望和幻想并且克制他的快乐。往往——这就是反向俄狄浦斯情结的正题——焦虑恐慌的小男孩怯懦地逃避在一个如女性般顺从的位置上来对待父亲。这样他将生活在一个全新的阉割焦虑下，即唤醒了失去雄性特征的风险。当然，在男性俄狄浦斯情结中母亲是一个乱伦的客体，阉割情结的威胁支撑在"石祖—阴茎"上；在反向俄狄浦斯情结中父亲是一个乱伦的客体，阉割情结的威胁支撑在"石祖—雄性特征"上。

□ 这就是说焦虑令孩子退却并且让他和父母分开？

是，完全正确。重述母亲这个情况。男孩害怕并且和他的母亲分开。这就是为什么我要说，他的焦虑是一个健康有益的焦虑，因为多亏了这个焦虑，孩子被强迫和到目前为止他最亲近的人分开，他必然会根据人类的秩序——去疏远。对于他利比多*进化史中的第一次，孩子发觉要面临这样的选择作为决定性考验："要么你停止对母亲的欲望，要么就失去你的力量！"这是个抉择："要么我就选择乱伦的客体对象，要么我就自爱地保护自己。要么留下母亲，要么留下阴茎。当然，要留下我的阴茎。"诸位会注意到，此类分水岭决断在我们的成年生活中往往对照着许多卓绝的选择。当我们想实现自己的欲望时，就会浮现出焦虑。"我是否有这个能力？我是否会失去一切？"在我们解决和实施的时候，焦虑就会涌现出来。然而，经历了像我这样释义的俄狄浦斯情结之后，我们总是选择自爱欲的客体，这就是说我们总是选择保护自己、选择我们自己和我们的身体。很明显，人类这种生物是彻头彻尾地胆小怯懦且自恋自爱：面对危险，他往往会背弃欲望客体从而相信自己可以逃命。这里我想说一个分析超我的猜想，就是使战栗者能够安心的是，在危险面前肯定那必存的欲望。他这样对自己说："不要害怕！让你的欲望引领你。走你的路，走向命运等待你的地方！"

---

*libido，弗洛伊德解释为性力。——译者注

但是突然出现了另一个显著的现象。另一个丧失将取代这个，这个丧失比起和母亲分开更加重要。当然，男孩失去了母亲并且保留了阴茎，但是他发现一旦没有了欲望客体，即所谓没有了母亲，阴茎归根结底就失去了石祖的价值。"如果没有另一个渴望我的人，如何才能令我感到强大？"当然，阴茎是有用的，但是在这个情况下，存在另一个令其向往并且也渴望的人。男孩失去了他的母亲并且同时也失去了他阴茎的石祖价值。实际上，丢失了后者比失去母亲更重要千倍，然而事已至此，这已成了过去的经历。更确切地讲，俄狄浦斯式悲剧是最美的一课：其教导我们无论赢得多少高难度战斗，归根结底价值都是相对且有限的。俄狄浦斯神话投射出了非比寻常的伦理学。它总是能够告诉我们："俄狄浦斯……阉割情结……数百年来这些产物已经在发展进化……文化、性欲不同以往……这些都能很好地省去俄狄浦斯，等等。"我很想省去俄狄浦斯式的传说，但是那就要请诸位创造出另一个传说来——另一个也能令人理解、让人深刻地感觉并体会到生命的考验的传说——我们作为成年人，要不断经历考验。初次的考验正是接受艰难的选择，我不会总输，但我要赢了，也不会总赢。

□ 您刚才为我们展示了在戏中男孩如何扮演，那么女孩呢？

女性的俄狄浦斯情结剧本则迥然不同。回忆一下，在第一幕俄狄浦斯式悲剧中，这个时期对于男孩，石祖作为普遍所有物的前提是：大家都是石祖的持有者且正因如此，大家都是强大的！但是女孩却不同于男孩，其存在一个俄狄浦斯情结的"前史"和一种"后史"，男性俄狄浦斯情结则没有这个。女性俄狄浦斯情结的前史建立了母亲和女儿非常狭隘的关系。在突发石祖期之前，在乳房哺乳的那一刻，母亲对女儿的出现如同一个欲望客体，但是更似一个使其萌生自爱欲并供给她力量的客体。也可以说，母亲对于小女孩承担了石祖的位置。在女性俄狄浦斯情结的黎明之际，正如男孩那样，小女孩的欲望客体，首先是乳房，即刻伴随着断奶期，是母亲这个"人"；支配激发性欲的区域是嘴唇。在口欲期，母亲的乳房代表着最温柔的石祖。我们通过增加另一个女性俄狄浦斯情结的基本要素使其完整。伴随着断奶期，小女孩对母亲已经尝试到一个苦涩的回馈感觉，就是母亲刚刚剥夺了她吮吸乳头的快乐。失去乳房在哺乳期女婴身上激发出一种敌视，不久后就会在她自身的石祖期产生反应。请注意这个被断奶期激发的苦涩，据弗洛伊德所说，这在男孩身上更加平静和谐。然后，小女孩的石祖将不再通过母亲作为乱伦客体来表述，而是归因为父亲的力量。女性俄狄浦斯情结在女孩的这一刻到达顶峰：即已具备了和母亲分开的经历，同时准备欲求父亲，之后放弃父亲，却内摄了父亲的那些价值以及他的行为方式与轨迹，最终，年轻的女人寻找到一个男性伴侣并将父母取而代之。

□ 为什么断言女孩在断奶期会仇恨她的母亲？在女孩身上的阉割情结到底是什么？

许多误解都围绕着女孩的阉割情结概念。人们错误地认为女孩身上没有阉割，因为她的身体缺少阴茎，并且她并不存在任何一个器官可以感觉到被阉割的问题。然而，事实并非如此。继弗洛伊德之后，女性的阉割情结继续存在着，但是我更喜欢这么讲：在建立了女性俄狄浦斯情结逻辑之后，把它命名为**剥夺情结**。该情结因为这样的视觉印象而产生：女孩看到男孩的裸体并且在察觉的同时做了对比，不仅仅是她缺少了阴茎，更是缺少了阴茎意味着的力量，这就是石祖。缺少阴茎导致了普遍有石祖的这个逻辑前提作为错觉而失去，并且感觉到想要占有它。占有什么？并非是他身上的阴茎，而是这个器官激发力量的错觉。这个力量的渴望，我称之为嫉羡石祖而非嫉羡阴茎*。我深深地相信，"女性嫉羡石祖"这个概念的出现，对于临床工作大有好处。因为在歇斯底里女性的临床案例中，总是存在着关于力量的问题以及神经质式的害怕被控制、被支配。通过记载关于被剥夺的笔录，我们可以看到突发在小女孩身上的一系列感觉。首先是幻灭，接着是思念情怀中那个力量的错觉，接下来，尤其是这个——对于母亲的记恨，其没有给她（石祖）……经典句式为"谁没给她什么"，但是我比较喜欢说"对于母亲的记恨"，母亲并不知道她给小女孩准备了这个笔录，在小女孩发觉她存在"缺失"这个错觉之时，记恨蓄积给了母亲。正如她这样说："妈妈，你已知晓了我的失望！为什么你不提前告诉我？"这是一个对母亲的记恨，这个记恨现实化了旧恨——这旧恨在第一时期——前俄狄浦斯情结期，作为断奶期被激发。

---

*嫉羡：嫉妒、羡慕之意。该词引自李新雨先生翻译的《嫉羡和感恩》。——译者注

☐ 这不是焦虑在女孩身上占上风吗？

不！此刻，女孩丝毫没有察觉到任何焦虑。如果男性俄狄浦斯情结的首要感觉是焦虑和欲望，那女性的俄狄浦斯情结则主要是欲望、痛苦和嫉羡。然而，我们在一位成年女性身上辨认出了典型的焦虑。其涉及一个非常独特的焦虑，弗洛伊德也仅仅只是在他后期的工作中察觉到。在分析工作中女性焦虑往往被遗忘，因为人们都过多地倾向于考虑那些焦虑是保留在男孩身上有区别特色的表达方式与行为轨迹，而女孩则主要是嫉羡或者仇恨。在临床上，我们往往观察到一个女性特有的焦虑，这是失去爱的焦虑——失去了自己献身过的爱人。在女性身上，从来没有找到爱与失去已获得的爱，这两者产生的恐惧并不等同。对于女人，石祖本身就是爱，此珍爱之物绝不可少！

第四篇 俄狄浦斯情结是男人和女人们普通神经症及病态神经症的原因

普通神经症是由于俄狄浦斯情结被不良压抑的结果；
病态神经症是由创伤性俄狄浦斯情结造成的 / 87

在女性神经症的形态下，创伤性俄狄浦斯情结的再度激活：
性厌恶、雄性气概情结以及被抛弃的焦虑 / 93

普通神经症是由于俄狄浦斯情结被不良压抑的结果；病态神经症是由创伤性俄狄浦斯情结造成的

> 每一个新生命降临在人类的世界都会与俄狄浦斯情结建立联系；若未触及则必遭神经症。
>
> 对于所有症状的根源，要找到那些婴幼儿时期性生活所产生的创伤印象。
>
> 西格蒙德·弗洛伊德

首先，什么是神经症？神经症，是通过爱、恨以及害怕这些基础情感，对我们所爱与所依赖的人的乱伦欲望，这些产生的矛盾而共存的感觉激发的精神痛苦，就是神经症。扩展一下这个定义，当我们讲俄狄浦斯情结的时候，不仅限于我们了解成人神经症的原发，还要认识到这个情结本身就是一种神经症，是一个独立个体生命中首次健康的神经症；第二次神经症是在青春发育期的骤变期中。但是俄狄浦斯情结是什么样的神经症呢？这一切是在婴幼儿要形成自我之时发生的。其存在大量的冲突，好似泛滥的洪流，自我与冲突这两者之间存在着差距与不协调。孩子的自我还没有办法阻滞激昂狂热的欲望涌现。自我的这种努力对于克制并掌握欲望的疯狂混乱，在小孩子身上通过对父母矛盾的感觉、语言以及行为举止从而表达出来。这看似与孩子毫不相关的矛盾情绪，将持久地建立在主体的人格中，仿佛作为一种他采用一切姿态的原型，在成人面前，这些姿态唤醒了他支配他者的欲望、他被拥有的欲望或者毁灭对方的欲望。这就是为什么可以说，我们和周围的人每日最频繁且不可避免的冲突，仅仅只是自然本性的延伸，几乎可以说是反射，是我们称之为俄狄浦斯情结的婴幼儿神经症。换而言之，我们日常的冲突起源于我们对于所爱的那些人最高贵而圣洁的感觉，在这感觉深处，令我们的乱伦性欲望焦躁。今天我们神经症的紧张状况是被我们完全不可能实现的那些事情所激发，或者正好相反，不可能完全避开我们的乱伦冲动。同时我们说俄狄浦斯情结——生命中第一个健康的神经症——是我们成年人普通神经症痛苦的起源，神经症诚然痛苦，但是为什么不这样说呢：它也是个容纳并忍受了一切的保护装置，这保护装置对抗着疯狂的冲动。因为冲动的疯狂总是威胁着我们每个人，让我们爆发。

正因如此，所以往往在俄狄浦斯情结时期，孩子过载了密集而强烈的痛苦感觉或快乐感觉，并且这些感觉如同一个不可拭去的创伤被永远标记下来。得了，这些婴幼儿的创伤并非将成为普通神经症的原因，而是在青春发育期和成年之后持续地处于病态的神经症状态。总之，我要明确一下成年后俄狄浦斯情结神经症回归的两个重要类型：普通神经症和病态神经症。普通神经症，这是和我们发自内心所爱的那些生命体之间产生的冲突，因为我们总是持续并强烈地欲求他们。这全天候的神经症，完美地融入了我们社会生活的开创，是俄狄浦斯式父母不完全去性化的一种结果。没有被良好压抑住的快乐及焦虑的婴幼儿幻想，总是保留了它们的致病性，并且造就了任何一个人每天的神经症。

另一个神经症障碍的类型恰恰相反，它是病态和病理性的、不正常的神经症，其通过的闭路循环的一些症状，表现出主体在病态且纳西索斯式的孤独中。这个痛苦，可以是恐惧的、强迫的或者歇斯底里的，比起俄狄浦斯式幻想的不完全压抑，这是由更加严重的因素激发的。其涉及俄狄浦斯情结大部分的时期中突如其来的独特创伤。这是什么创伤？首先，这是一个想象的或者真实存在的遗弃，一个巨大的绝望打击了孩子。关于"遗弃"这个婴幼儿幻想却让恐惧在成人的身上有了一席之地。另一个可能的创伤是那些想象的或真实存在的虐待，使孩子遭受了一个痛苦的耻辱。虐待和耻辱的幻想给了强迫症一席之地。第三个创伤，也最令人惊叹的，正是孩子体验着同他们依赖的成年人过多的肉欲接触时，一个令人窒息而强烈的快乐。这个内容为诱惑的幻想，给了歇斯底里症一席之地。涉及放弃而造成的绝望，通过虐待而产生的耻辱，或者因诱惑而产生的窒息，我们总是在最病态的方式下存在着阉割焦虑，其近乎于阉割恐惧。由此我们说这种恐怖症、强迫症和歇斯底里症都是在成人时，用不同的方式来回归创伤性俄狄浦斯情结。我补充说明的这三类不同的神经症，它们的出现绝非单纯孤立，而是呈迭瓦状排列交织在一起，用混合神经症方式支配着恐惧、歇斯底里或者强迫症的患者。值得指出的是，有时候孩子遭受的这些俄狄浦斯式创伤并非是他们自身经历的，而是父母的创伤性冲击的无意识焦虑传播给了孩子。例如一个长期患有广场恐惧症的女人，声称她在童年从来没有被抛弃过，但是在分析过程中发现，当她的母亲还是小女孩时，在战争中被意外地抛弃了。这种情况就是一个幻想的隔代传播，承传了上一代人被抛弃的恐惧幻想。

说到男人与女人病理性的神经症，其实是在成人时回归了创伤性质的阉割情结焦虑——那儿时的过去经历。接下来这个焦虑回归的模式将会突发一种特殊的神经症痛苦（见图4）。临床上的说法是，如果存在一个恐惧症的患者，那么我们应该询

阉割焦虑幻想	神经症，这是在成人时，创伤性阉割焦虑幻想强制性的再现
被禁忌者父亲阉割的焦虑（被抛弃） ⟶	恐惧性神经症
被诱惑者父亲阉割的焦虑（被愚弄） ⟶	歇斯底里性神经症
被情敌父亲阉割的焦虑（被虐待） ⟶	强迫性神经症

**图4　男性身上的病理性神经症，
这是在成人时强迫性再现创伤性的俄狄浦斯情结**

问他的童年以便于察觉到那些或然事件：那些意想不到却在骤然间发生的遗弃造就了他的焦虑，这个遗弃是真实的还是想象的？如果我们的患者是歇斯底里症，我们就应该寻找另外一个创伤记忆。这一次，分析对象联想起的内容不再是被遗弃而产生的惊吓惊恐，而是通过另一个更加巧妙的强暴行为，其难以捉摸且潜伏得很深。他联想起曾经被成年的诱惑者所征服且因此而兴奋——这个成年人可能是父亲、母亲、兄长或者家族友人，等等。关于这个创伤对歇斯底里症的原发而存在的相关内容，我推荐诸位读者可以参考图6（见117页）中的归纳。最

后，如果我们倾听一个强迫症患者，请时刻记得我们应该重新找到某个记忆，尽管这一幕显示了一个无能为力却狂怒的孩子，害怕着因为他不知道自己什么时候犯了过错而导致父亲的百般报复。*简而言之，关于恐惧症、歇斯底里症或者强迫症，一个神经症患者遭受的痛苦，是强制性地重复相同处境——通过这样的愿望来表达，而那些处境正使他遭受创伤性焦虑的冲击。换句话说，神经症就是来自婴幼儿期幻想、关于阉割焦虑的强制性回归。

此刻我们总结一下，即在男性神经症的情况下，恐惧症是在成人时对于"被作为禁止者的父亲遗弃"这个焦虑幻想的回归；歇斯底里症是"被作为引诱者的父亲虐待"这个焦虑幻想的回归；强迫症是"被作为竞争的父亲虐待并侮辱"这个焦虑幻想的回归。我们要清楚地明白，对于男性三类神经症的原发，父亲总是这个创伤幻想的主角。因此，我们这样认为：男人与女人的神经症，都往往是双亲中性别相同一方作为主角的场景中固化的一幕。当俄狄浦斯情结不甚坚定或者为创伤性时，产生的最常见的结果就是在男孩和父亲之间，或在女孩和母亲之间存在婴幼儿的冲突并因此而产生神经症。总之，俄狄浦斯情结造成的病，这个在生活中强烈而紧张的经历并非针对相异

---

* 原文中，此段文字的"不知道"可以指父亲也可以指孩子。文中的"无知"一词使用了"ignorer"这个动词，意思为不知道、不了解、未经历、无视、瞧不起等等。可以有两种解释：a.孩子害怕父亲，因为不知道自己什么时候犯了错，认为被父亲知道了会遭受到惩罚与报复；b.孩子认为父亲会因为他犯了错而惩罚报复他，但是他的这个过失父亲还不知道。两种解释都说得通，但是请注意，文中的"过错"、"惩罚"、"报复"等内容，都是指做精神分析时患者所呈现出的一幕联想出的内容或记忆，它不一定是实存的，也可能是想象的。——译者注

的他者，而是针对相似的他者——"其自己"的他者*。成年人的神经症总是一个关于"相同"而产生的病理，是一个纳西索斯主义（自爱欲）的疾病。例如一个年轻的患者对我吐露："因为这些折磨我备受煎熬——对我父亲的爱、希望向他那样、使他喜爱的欲望、害怕变得微不足道并且我憎恨老是为了他！结果，我要用叛逆来对抗他的权威。"这就是一个神经症儿子的呼喊，通过这样的方法靠拢他所拥有的对父亲的印象，使他遭受这样的痛苦——既为其所着迷又因其而畏惧。

*
* *

---

* 相似的他者：原文中为相似者他者，相似者"*semblable*"的概念见于拉康的著作《镜像阶段》。——译者注

在女性神经症的形态下，创伤性俄狄浦斯情结的再度激活：性厌恶、雄性气概情结以及被抛弃的焦虑。

现在我们来探讨神经症女性的情况。一旦俄狄浦斯情结骤变被战胜，我们是否就总结说：小女孩应该安稳下来，没有神经症的阴影，过去的痛苦和嫉妒羡慕丝毫没有后遗症？当然不是！通常而言，女人的一生持续保留着久远的俄狄浦斯情结式冲突的持续。就是说所有婴幼儿时期的情欲，持续存在于女性的生活中。而且毫无疑问，最常见的骚扰，就是对于石祖的嫉妒和渴望。在这种情况下，这个婴幼儿的嫉羡作为曾经在童年中极度焦躁不安的过去经历，此时它可能再次猛烈而突然地重新再现于成年时期，并且要么通过歇斯底里的性厌恶来表现，要么通过"雄性气概情结"的性格障碍姿态来表现。在歇斯底里症的情况下，女人持续地相信，像这种小女孩，不值得她感兴趣、也不值得爱，因为她屈从于尖刻而悲哀的命运。在这气恼的女人身上产生了一种活泼而灵敏的厌恶，一种巨大的孤独笼罩并隔绝了两性间的性欲。在这个雄性气概情结的情况下正好相反，代替了"相信下面被阉割"，女人反而没有什么根据和理由相信，她装备上了石祖。替代了"自以为被阉割"，她自信有"全能的力量"；她挥舞着石祖，彰显着在这种掷地有声的挑战姿态下，用雄性气概的行为表现出比男人更加雄健阳刚。这个雄性气概情结诸多类型中的一种，就是通过同性恋这种方式来体现。请注意，在通往女人身上雄性特征过度膨胀的这条道路上，女人可能还表现出对于治疗工作最坚韧的一种抵抗，变得像一块顽石，往往令分析治疗搁浅。对于男人仇恨的对抗，可能在分析对象身上变化为对精神分析家叛逆的方式，去对抗假设为雄性权威的任意符号。

最后我还想补充女性神经症的另一种俄狄浦斯式的类型，这一类型是近乎正态分布。这涉及焦虑，一种女性自身特有的焦虑。我在此向诸位说明，焦虑在男性位置上占有优势，而在女性的位置上，剥夺造成的痛苦却具有显著特征。然而，一种典型的女性焦虑，我把它当作阉割情结焦虑那样看待，在女性身上表现为被所爱的男人抛弃而产生的害怕。被爱的欲望和被保护的欲望在女性无意识中是如此强大，年轻的女士，无论如何都要在她和伴侣之间建立坚固的契约，并总是害怕着来自伴侣的爱被剥夺。即便是最微小的冲突，她也会怀疑并猜测她的朋友想要夺其所爱。小女孩，她曾被母亲欺弄而希望落空，现在成年了，她要当心男人。她害怕失去那些极度想把握的一切：爱、爱带来的欢乐、被爱以及感觉到被保护。是的！如果对于男人来说石祖是力量，那么对于女人来说，石祖就是作为恋人的幸福并且被她爱的人所爱。**对于男人，石祖是力量；对于女人，石祖是爱情。**我曾用同样的口吻讲过，男人是为了捍卫他的雄性特征而焦虑的生物，女人就是纠缠在被抛弃的烦恼中而生活着。对于焦虑的女性，爱情是一个脆弱的结果，要不断地再度征服，并且要一而再、再而三地巩固。（见图 5 和图 8）

现在我设想一下，到底是什么把神经症的男女联系在了一起？一方在男性的位置上害怕女人偷走了他的性器官（阉割情结焦虑），而另一方在女性的位置上害怕男人把她们抛弃（被遗弃焦虑）。是否可以将这些归结为男女夫妻对于一个俄狄浦斯式焦虑的再现？男人担心失去他的雄性特征，女人因担心失去爱而焦虑？当然不。每个人通过其存在而表明给另一方的是——他／她的焦虑并非有理有据。伴侣中对问题表态或采取行动的真诚的男子，会通过公正可靠的言辞和他的所作所为使伴侣安心；而女人，也会这样真诚地表态并采取行动，明白在艰难的考验上使伴侣安心，他将总是围绕着她而坚定自己的雄性特征。这就是男女之间的关系，从而能够喜结连理。然而，在这个伴侣间的理想组态和喧哗的失败中，我们学习的经验总会有一些可能出现差错。

*
*　　*

现在，我将要为诸位呈现的临床特征描述，是一个遭受着厌食症痛苦的歇斯底里症患者，无意识地嫉羡石祖而使身体衰竭。

怎样通过俄狄浦斯情结的理论倾听一位厌食症患者？这是我的一个假说：厌食症的出现是由于年轻患者对他理想的兄弟同一化而产生的结果，仿佛作为被父亲所喜爱的儿子。

我想起了莎拉，她是我们的一个厌食症患者，现在我将谈谈她。令人难以置信，她几乎已经达到了一个濒死的体重——41千克。"您看呐！"她骄傲而坚定地告诉我，"我能够继续活下去而没有回去住院！这是我的赌注！我想要为自己证明，我可以在深渊的边缘命悬一线。"这就是疯狂的莎拉！她想去进行一个对于生命极限荒谬的挑战并且用盲目的意愿来支配、掌控她的身体。然而，这其中哪里存在着俄狄浦斯情结呢？又是怎样的俄狄浦斯情结理论呢？正如我所构想的，我们能否找到途径去理解这个年轻女人的痛苦？好吧，当我接待这个患者的时候，我总是想到她想要变得纯净而轻盈直至逐渐消失，擦去身体上所有女性的曲线与圆润丰满。她不想再拥有乳房，也不要臀部，并且还要减去肚子。不要任何凸起！"无"呼唤着这个女人。她的梦是这样的：变成一个没有胡须、没有阴茎、没有任何雄性特征符号的男孩。这个理想中无性别的人，正是她想要成为的修长纤细而脆弱的人——她只想这样，没别的。在她的幻想中，这个无性别的人是最好的儿子，是父亲想要从性上诱惑并且拥有的。是的！她想要成为父亲年轻的恋人，想要处在对父亲而言最受宠爱的她兄弟的位置，从而被父亲喜爱。莎拉与她兄弟的男子气概同一化，并且拒绝做一个女人。因为她的想法正如一个4岁的小女孩，认为女人等于被阉割了，是脆弱的，且被父亲蔑视，父亲的眼光只停留在儿子身上。莎拉开始的本源，是一个错误的本源——即女人是被阉割的。因此，她所做的一切，直到威胁自己的生命，都是为了这个表达而且要展示给所有人她是强者，并且她的身体可以被塑造成为没有生殖器官的美男子形象*。我们的患者在石祖嫉羡的影响下，同时表达出两个疯狂而妒忌的愿望：她作为男孩，有着"支配与占有"这样阳性的欲望，又要作为女孩，有"被父亲占有"这样阴性的欲望。她的厌食症是这两个无意识冲动后妥协的表达。换句话来归纳一下我对此的猜想：**厌食症往往是无意识**

---

* 这个"美男子"原书中词为"*éphèbe*"，特指古希腊18—20岁刚成年的年轻英俊小伙。——译者注

同一化的结果,这个是年轻女性与理想中被父亲所疼爱的兄弟两者之间产生的同一化。当然,在这个猜想下,它可能涉及一个虚拟的兄弟,一个雄性的另一个自我(*alter ego*)*,因为显而易见:厌食症患者并非都有兄弟。

> ### 关于图 4(见本书第 90 页)的评述
>
> 第一个考虑是涉及存在的角色。这是无差别的焦虑的孩子,是男孩或者女孩,并且可怕危险的成年人(禁止者、诱惑者或对手)是父亲、母亲、哥哥、姐姐或者其他成人监护人。然而,这个阉割情结的焦虑幻想最常见于男性神经症的治疗中,在孩子那里的情景是:男孩与成人父亲。对于女性神经症患者,我们找到同样的幻想类型,是女孩害怕母亲的报复行为。同时,幻想中包含的情景往往是在孩子同具有相同性别的父母一方之间的纠葛。
>
> 我想要举一个例子——恐惧症。我认为对于有公共交通恐惧症的女性而言,神经症的原因大部分可以追溯到她童年的悲剧性的大事情:母亲的意外死亡。所有的孩子都会这样做,即幻想这个死亡如同一个不可预料的、突然的惩罚代替生活中的悲伤和痛苦,通过这些来幻想着被深爱却消失的母亲。因此她困扰于把自己暴露在一个新的抛弃中,如今困扰就变成了封闭空间的恐惧症。
>
> 另一个考虑是关于这个表纵列的情况。比如,通过被禁忌者父亲抛弃的焦虑再次出现,却是在强迫性神经症而不再是恐惧性神经症的形态,或者被父母一方诱惑的焦虑却趋向于发作恐惧性神经症而非再歇斯底里症。

---

*alter ego:拉丁文,意思为另一个我。*Ego* 也是"自我"的意思。——译者注

嫉羡石祖的幻想　　　　神经症，这是在成人时，对于石祖的嫉羡幻想的
　　　　　　　　　　　　　强迫性的再现

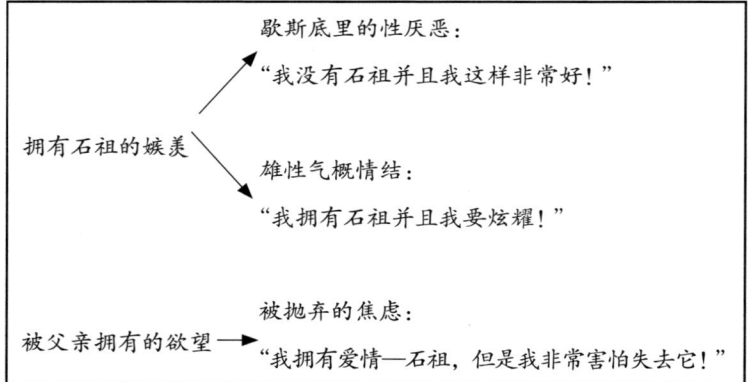

图5　女性病态神经症，这是在成人时，
创伤性俄狄浦斯情结的强迫性复现

第五篇
俄狄浦斯情结症候群

阉割是不存在的 / 101

男性俄狄浦斯情结中的父亲形象 / 103

女性俄狄浦斯情结中的母亲形象 / 104

女性俄狄浦斯情结中的石祖形象 / 105

男性俄狄浦斯期的超我和父亲的三个角色 / 107

布娃娃游戏 / 108

全能力量的石祖幻想 / 109

恐惧症是一种投射，癔症是一种反抗，强迫是一种移置 / 110

神经症症状的双性倾向含义 / 113

癔症是什么 / 114

癔症是成人因曾为孩子的自己与父母之间过分的情欲关系而被诱发的痛苦 / 115

歇斯底里的女性和她对爱的恐惧 / 118

拉康学派中的父亲在俄狄浦斯情结中的三个形象：符号性的、实存性的以及想象性的 / 119

在俄狄浦斯情结中的三类缺失：阉割、剥夺以及挫折。拉康的三段式解读 / 122

男性与女性状况对比图表 / 124

阉割是不存在的

没有阉割，有的仅是阉割的威胁。这就是为什么从根本上而言，阉割只是一个焦虑的名称而非事实。

从一开始，我们就一直使用"阉割"这个词而未曾找到机会来消除它的含义可能带来的误解。请容我现在就此诠释。除了那些偏远孤立之地某些人的野蛮行为，阉割并不存在且也从未有人被阉割，更别提因受惩罚而被阉割了！当然，我们都知道所谓"化学阉割"是被作为最后的手段用来处决那些变态的罪犯，例如强奸犯和恋童癖；我们也知道，某些患者因其精神病的性格可能导致在性方面进行自残或成为阉割的受害人。但是除去这些心理病理性的畸变行为，我坚信，确切而言阉割并不存在。弗洛伊德选用这个如此有暗示性的词，是为了使之戏剧化、甚至歇斯底里化——对于那些威胁着所有情男欲女而想象出的危险，也就是说，所有男女寻求着强烈的肉体快感以及超越在这之上的——幸福。什么样的危险在威胁着他们呢？这个危险就是：失去他们的活力、生活或情欲的私密源泉。那么阉割到底是什么呢？它首先是一个危险的念头；这想象出来的危险会引发神经症并必须摆脱。这是想要捍卫其生命存在故而时刻保持警惕，于是神经症患者因神经过敏的状态而遭受痛苦。因此，这都是被阉割的"恐惧"，而非阉割他本人，它才是造成神经症痛苦的紧张状态的源发。每个神经症症状都可以理解成一次使其强直收缩的防御抵抗本质的"恐惧":在男人身上的恐惧是失去力量;在女人身上的恐惧是失去爱。同时,"阉割"这个词有着精神分析学中无与伦比的寓意,它象征了一个假设的至尊客体的假设性缺失。

因此,我们可以理解为,对于弗洛伊德,我们每个人归根结底都是一个欲求贪婪的孩子,在贪婪的渴望后果面前战战兢兢,是石祖的守护者与嫉妒者,以及对自己欲求有着负罪感。贪婪、怯懦、嫉妒以及罪恶感,这就是弗洛伊德用俄狄浦斯的色彩绘制的我们内心最深刻而私密的画像。

男性俄狄浦斯情结中的父亲形象

- 作为一个**理想**的模仿对象,父亲**被爱**着
- 作为**禁止者**和**指责者**,父亲**被害怕**着
- 作为一个**引诱者**,父亲**被欲求**又**被害怕**着
- 作为一个**竞争对手**,父亲**被恨**又**被害怕**着

男孩对父亲的钦慕之爱早在进入俄狄浦斯骤变期之前就已经存在了。孩子对父母温柔与钦慕的"情与感"长期持续地存在并贯穿整个俄狄浦斯时期,与此同时对立之感、敌对之情也与男孩不期而遇,它们是欲望、焦虑以及仇恨。正是这些矛盾的"情与感"作为同时发生的过去经历,纠缠撕扯着孩子,令其左右为难由此引发了神经症。神经症患者无论是儿童还是成人,他们时刻都在爱着、畏惧着、欲求着、恨着他们的——父亲。

女性俄狄浦斯情结中的母亲形象

在前俄狄浦斯期:

- 富有石祖全能的母亲(有石祖的母亲)被当作是一个**理想**形象**被爱**着。
- 母亲如同一个**性对象**被**欲求**着,女儿想要占有她。对孩子而言,母亲不仅**拥有**石祖,而且她**就是**石祖。

在孤独时期:

- 母亲被女儿**责备**因为她**无法**赋予小女孩石祖——力量的象征与符号。
- 因此,母亲**不再具备**全能的力量并被抛弃。

在俄狄浦斯期:

- 母亲,作为**欲求**男人的女人,成为认同(同一化)的模式。
- 母亲再次**被爱**,但这一次,她是作为一个**理想女性**。
- 作为一个**情敌**与**竞争对手**,母亲**被恨**着。

女性俄狄浦斯情结中的石祖形象

在小女孩眼中,因为俄狄浦斯情结存在不同而连续的阶段,于是令石祖具有不同的形式:

- 在前俄狄浦斯期,小女孩在其阴蒂的感觉以及对母亲的感知中认识到了石祖,并认为这是自己欲求挑选出的客体。此时,石祖就具象化为**阴蒂**作为激发性欲感觉的器官,同时石祖也通过**母亲**作为乱伦欲望的客体而具象化。
- 在孤独时期,她在男孩阴茎的魅力中认识到了石祖,并意识到她已被剥夺了石祖,在自我伤害的印象中,她痛苦地认识到这一切。此时石祖就具象化为嫉羡男孩的**阴茎**以及**自我的印象**。
- 在俄狄浦斯期,石祖则具象化为父亲的**力量**,令小女孩觊觎。然后,在父亲第一次的拒绝之后,石祖又具象化为**她自己**,即对父亲的欲望,自荐为客体。最终,在父亲第二次的拒绝之后,对于女孩而言,石祖就是其内摄的**父亲**。
- 在度过俄狄浦斯期后,小女孩现在变成一个女人,在她面对爱慕的男人勃起的**阴茎**时,在这个男人带给她的**爱情**中,以及因爱情的结晶而有了**孩子**时,她都认识到了石祖。

激起性欲的感觉、母亲、男孩的阴茎、自我的印象、父亲的力量、自己、父亲这个人,以及爱慕的男子勃起的阴茎、爱情还有孩子……这些都是女性俄狄浦斯情结中石祖的化身。其中每一个都准确地符合石祖的定义,这些不仅是最珍贵的,还是我们精神平衡中不可替代且关乎性命的调节器。

男性俄狄浦斯期的超我和父亲的三个角色

超我,这个对自身进行自我批评的部分,也是对自我进行自我审查的部分,是在心理层面对于幻想出的父亲存在着相互矛盾的三种姿态,令它们得以复苏的诉求。此外,超我是个三音合唱:那个代表着"禁止者父亲"的严厉禁止之音;那个代表着"诱惑者父亲"的诱惑哄骗之音;以及那个代表着"不但可恨还是竞争对手的父亲"而自发责难的腹诽之音。

布娃娃游戏

　　俄狄浦斯式的小女孩在玩布娃娃游戏时会分为两个不同的角色。在前俄狄浦斯期,她会通过布娃娃重复她和母亲的关系:她把自己和布娃娃同一化,与此同时把自己和母亲通过温柔的爱抚进行同一化。一旦进入到真正的俄狄浦斯期,小女孩就会调换角色:现在,她扮演母亲;而布娃娃则是父亲赋予她的完美孩子。

全能力量的石祖幻想

在俄狄浦斯式儿童的精神中，谁有石祖谁就强大，谁没有石祖谁就弱小。很显然，在这个虚拟的想象中，阴茎成为了力量的代名词，而缺失阴茎则成为弱小的代名词，这是一个4岁的孩子想象出的漫画，而绝非一个成人的思维。尽管如此，这个孩子式虚拟的想象会像海市蜃楼那样一直持续到其成年，使得他与周围人以及对他自己都变成神经症那样冲突的关系。此外，神经症患者也感知到了，他根据摩尼教那样二元论的视角，去为自己评估强与弱，支配与从属。

恐惧症是一种投射，癔症是一种反抗，强迫是一种移置*

现在我们转换视角，从后设心理学的角度来解释俄狄浦斯情结在三种神经症中的体现。由此，我们说**恐惧症**是阉割焦虑对外在世界**投射**的结果。无意识焦虑成为了有意识的害怕；内在的危险复现为"禁止者父亲"，被投射到了外部，成为一个外在具象化的危险，例如某些动物。弗洛伊德在其著名的《小汉斯》案例中给出了非常具有说服力的阐述。那匹可怕的马就是"父亲"，对马的恐惧被表露成被父亲致残或遗弃的害怕。简而言之，恐惧症可以被定义为——内在危险对外的投射，从而成了外在的危险；通过将现实世界中可怕的动物想象成气势汹汹的父亲的替代物；最终从无意识的焦虑转化到有意识的惧怕。

转换型癔症**，所有无意识焦虑的负荷聚积在身体上，从而引发躯体性的功能障碍（偏头痛、头痛、眩晕、疼痛，等等），除此以外，据我所知还有另外一种癔症，潜伏性很强却又十分

---

* 移置：书中原词为"*déplacement*"，与"凝缩"是一对，都用来特指梦的工作。——译者注
** 是指躯体上出现症状而实际上是癔病症，这种症状很像身体器官原发的症状。——译者注

多见，我称之为**反抗型癔症**。这是婴幼儿时期被父母——特别是同性的那个引诱而产生的焦虑，这个焦虑通过在成年后重新出现而诱发该神经症。在婴幼儿幻想的焦虑中，在男孩身上最为致病的一幕是：男孩被诱惑却又受惊吓，由此扮演被父亲占有的女人。如果这样的幻想持续活跃在癔症患者的无意识当中，患者将表现出持续的反抗行为举止。例如，一旦他处于一种正常的依赖关系中，面对面接触的对方被他钦慕或是某个权威，癔病患者就会觉得被压制，变得顺从，而且在最不得已的情况下总是在其幻想之后——被贬低为一个在残暴压迫下被阉割、怯懦的娘娘腔。从属与依赖，对他而言他就是"女人"，因为女人在他的幻想中就是弱者、低劣于男人且可以被忽视。同时，依赖一个权威这样的经历被神经症患者认为是最糟糕的屈从，因此，最紧迫且需要做的事就是奋起反抗并保护自尊。于是在他的眼中，具象化成为权威的那个人就成了一个必须去打倒的暴君。

当一个癔症患者采取了这样的癔症姿态，对于我们精神分析家来说，要揭示他无意识的诱惑幻想就极为困难了，若要将其解除就更是难上加难。为什么？因为精神分析家，就如同父亲一样，对于这名患者而言就变成了令人生畏的引诱者，并且还成了一个必须被废黜的权威。如果情感转移的这个形象占据优势，治疗就很有可能会突然中断。婴幼儿的诱惑幻想会迅速入侵并蔓延至咨询关系，实践治疗的临床医生所采取的一切介入都将被病患有条不紊地理解为不可容忍的权利滥用。弗洛伊德，是第一个在这个不可逾越的暗礁前败下阵来的人，他称其为"阉割磐石"。我更愿意称其为"阉割**焦虑**的磐石"，因为神经症患者激情四射地对精神分析家所进行的反抗，恰恰是害怕变成父亲的奴隶以及失去人的尊严而产生的焦虑。在反抗过程中，癔病患者认为自己从分析家这个暴君手中拯救了他的石祖——即使这个石祖他从未真正拥有过。

补充说明一点，在女性病患的治疗过程中，当患者尖刻地责备她的分析家傲慢、大男子主义时，我们同样遭受着失败。这种反应来自对治疗师的嫉妒与羡慕——分析对象假设治疗师是石祖的持有者，也就是说拥有力量、总是幸福的、被人们爱和被仰慕的。她因此气恼并愤怒，也希望能被赋予同治疗师一样神奇的力量，甚至比他更强大，让治疗师觉得自己很弱小，并成为他唯一的拯救者。因此，男性患者中断治疗是因为害怕变成娘娘腔，而女性患者中断治疗是因为狂怒和气恼。同样，"阉割磐石"对于男性表现为焦虑，对于女性则表现为嫉妒和羡慕。在这两种情况下，**男女神经症患者都具有一个贬低女性价值的印象，以及一个夸大石祖价值的印象**。男性神经症患者并不明白，他如此小心翼翼保护的石祖是一个不存在的对象，也没有任何风险会令其失去一个本就不存在的东西。他没有任何理由害怕，因为没有任何危险在威胁着他。女性神经症患者也并不明白，石祖是一个假饵，她没有任何理由和男人争夺一个他也没有的东西。

强迫是阉割焦虑**移置**的结果，它从无意识到意识，并且凝结为一种负罪感。被父亲这个情敌"打"的无意识焦虑转化为意识中的焦虑——被超我惩罚。这种感到"罪与罚"的焦虑称作内疚感。往往强迫症患者在自己的罪恶角色中自鸣得意并感到满足，他拥有被惩罚的愿望，并且在所谓的道德受虐中，耗尽自己那一丝贫瘠的享乐。

神经症症状的双性倾向含义

面对一个神经症症状,精神分析家必须将患者在俄狄浦斯期孩童时代构造出的幻想的情景揭示出来,正是它操纵着眼前的神经症。在这个画面中,主体扮演双重角色,它既主动又被动,或者更确切地说,他上演了一出两个人物角色之间的冲突:作为支配着的角色他宁可是男性,而作为被支配的角色他宁可是女性。例如,当您面对一个因飞机恐惧症而非常痛苦的病患时,请提醒您自己,是幻想出的场景导致了焦虑,这幕幻想中扮演令人窒息的父亲——是飞机上封闭的空间,以及扮演着受威胁的孩子——恐惧症患者自己。我需要再次强调在幻想中,主体同时解释两个角色:他既是雄赳赳气昂昂的残忍男人,也是阴柔而娘娘腔的女受害人;即是令人窒息的父亲,也是无力反抗的孩子。当然,这些角色中的后者,神经症患者会更加自鸣得意而满足。

癔症是什么

我曾说过俄狄浦斯情结是一种出格而过分的言行：它是一种性的欲望，是成人性欲的诱发物，是在4岁孩子的小脑袋和小身体中的一段过去经历，而对于这一切，客体对象是父母。另一方面，我将要讲的**癔症**，是婴幼儿时期的性欲这个过去经历存在于成人的脑海中，但对象并非是男女，而在于是强者还是弱者。癔症患者没有将他的伴侣看作一个男人或女人，而是当成被阉割的或是全能的。

癔症是成人因曾为孩子的自己与父母之间过分的情欲关系而被诱发的痛苦

这就是我们学习的俄狄浦斯情结：成年人遭受的癔症是被他从前儿童时期的性欲突然猛烈地震动而激发的痛苦。因此，这是婴幼儿时期性生活的障碍，造成现今神经症折磨的根源。怎样的障碍呢？在俄狄浦斯期的儿童时代，究竟发生了什么，使其在成年后患上神经症？原因就是：曾经发生了偏差。是的！俄狄浦斯期的孩子曾被淹没在过于强烈而密集的性快感之中——那些激发性欲的快乐控制了他，令他因此而遭受痛苦。他的自我还没有经验，所以并不知道这些猛烈而躁狂的内容物中的疯狂欲望，并且也不知道如何领会这些溢出的快乐造成的结果。是欲望还是快乐？诸位请告诉我。其实是完全相同的，因为我们知道，感觉、欲望、幻想和快乐，都作为一个单独而相同的东西成为俄狄浦斯期孩子的过去经历。只是我们将这些基础要素分解开来。也就是说，在激起性欲的快乐过度之时，婴幼儿的自我就会受到创伤。换句话说，这将成为俄狄浦斯情结在临床中最重要的课题，当孩子的自我无法容纳这性快感的令人震惊的冲击之时，孩子便会惊慌失措，从而被迫千百次地重温这相同的创伤。我坚持认为这个现象是惊人的：是快乐而不是我们认为的痛苦——是它在折磨着俄狄浦斯期的孩子和未来的癔症患者。不仅仅是痛苦能造成创伤，过度的性快感也同样可以。

存在于不成熟的自我与过早却强烈的快乐之间的这种受创伤的不协调差距，如蜡雕一般印刻在婴幼儿的无意识当中。在这个敏感的雕版上，无意识通过记忆保留了激发性欲的快乐带来的强烈冲击以及其背景，即所谓的成年人身上的性感及诱惑的"在场"*。这创伤性的性快感都通过刺激爆发，无论这快感是否天真无邪，其都来自父母中的一方。在孩子的无意识这块处女地之中，他模拟出幻想场景的原型就是觉得自己被父母中的一个所引诱。多年以后当孩子成年了，这个主体就会体验到——这就是神经症啊——强迫性地复苏出相同的快乐感觉，这快乐令他觉得痛苦且还重新上演着相同的那一幕创伤。但这一次包含其中的不再是父母，而是当下身边的那些同伴与伴侣。讲到这里就需要清晰地捋一捋。**如果一个孩子，生活在过于强烈的性欲感觉这个创伤性的经历之中，这就有可能成为未来神经症的根源。**作为总结，我用图表来解释一下神经症形成的过程。这包括一个先决条件和三个时段。先决条件就是尚未成熟的孩子，对于这个4岁小孩有着不合时宜又过度强烈的性快感。然后是创伤（第一阶段）被固着在一个既快乐又痛苦的幻想场景之中（第二阶段）。这一幕，无限延长了创伤，并在主体成年后的生活中不停地反复上演。这就是神经症！

---

*在场："la présence"，拉康学派专业词汇，也可以理解为出席，和"不在场"、"缺席"的原词"absence"相对。例如拉康强调的幻想，就是被抹除的主体"用缺席来实现在场"。详细解释请参阅台湾出版的《拉冈精神分析辞汇》。大陆音译：拉康，台湾音译：拉冈。——译者注。

成人神经症 （重复的强迫）	成年后，主体就会体验到强迫性地复苏出相同的快乐感觉，这快乐令他觉得痛苦且还重新上演着相同的那一幕创伤。但这一次包含其中的不再是父母，而是当下身边的那些同伴与伴侣。
↑	
变得具有致病性的幻想场景固着为创伤	在这个敏感的模板上，儿童的无意识注册了激起性欲快乐的猛烈冲击，关联成人肉欲的"在场"。在无意识中，这就铭刻成为幻想场景的一张底片——被父母中的一个所引诱。
↑	
	精神创伤
↑	
使俄狄浦斯期儿童受到创伤的性快感	**婴幼儿的自我与性快感之间的偏差** 一方面，儿童所依赖而欲求的成人触发了儿童强烈的、闪电般的激起性欲的快乐。另一方面，婴幼儿的自我受到惊吓，且无法在心理上容纳这溢出的快乐。这是一个源于过度和暂时偏差而带来的问题：这种快乐来得太强烈也太早了。

图 6　癔症是成人因儿童期的自己与父母的情欲关系而被诱发的痛苦。过早的激起性欲的快乐体验对于儿童来说是一次痛苦的创伤。

歇斯底里的女性和她对爱的恐惧

　　无论患者是男是女，被成人引诱者吸引、然后兴奋、最后虐待的这类幻想情景，在癔症患者的治疗中是最常遇到的一种幻想。对于女性，被引诱的幻想通常是她恋爱生活存在困难与纷争的原因。她渴望被一个男人爱，同时又害怕这种爱使她窒息，或者恰恰相反，害怕爱人抛弃她。对于一个癔症患者，她感知到的一切追求者，都笼罩着一层使其变型的迷雾，那就是婴幼儿时期关于诱惑的幻想："他们都一样！都是些巧舌如簧说着甜言蜜语的帅哥！一旦他们达到自己的目的，他们就会背弃我而离去。"在癔症患者身上，"屈从于父亲"这个幼时的焦虑，转换成为她对一切可能依靠的男人的反抗；并且"被抛弃"的焦虑转换成对爱的恐惧。

拉康学派中的父亲在俄狄浦斯情结中的三个形象：符号性的、实存性的以及想象性的*

据我所阅的文献，拉康的一个重要准则就是将俄狄浦斯情结分解为三个时段，即孩子在俄狄浦斯情结的幻想中，对于父亲扮演的这些不同的角色的认识。在第一个时段，父亲没有具象化为肉身，而是一个抽象形象，是防止人类世界出现混乱的**律法****，这个戒律防止了那些被煽动而犯下乱伦行为的罪过。这个父亲极其抽象，是抵御人类疯狂行为的壁垒，若要通过人类语言来体现，则被称为符号性的父亲。在第一个时段，父亲就是孩子无知而默认的律法。无所畏惧却毫无保留的孩子，恬不知耻地诱惑他的母亲，一厢情愿地认定母亲就是自己的石祖。在第二个时段中，实存的父亲来了。这时的父亲就是指真实存在的父亲，使之分离的施动者，他，将母亲与儿童分离开来，以此禁止他们把

---

* 拉康将个人主体划分为三界，即想象界、符号界、实在界，简称RSI，其中"符号的"这一形容词在法语中也有"象征性的"意思。这里作者是用拉康的三界理论来解读父亲在俄狄浦斯情结中的形象与功能。——译者注

** 律法：Loi，拉康学派词汇，首字母大写，并非指某一个特定法律，而是指奠定所有社会关系的基本原则。律法是社会存在成为可能的普遍原则，是支配所有社会交换形式的结构，由于最基本的交换形式是沟通本身，因此律法基本上是一种语言实体。详细解释请参阅台湾版《拉冈精神分析辞汇》第164页关于"律法"的解释，以及弗洛伊德的著作《禁忌与图腾》。——译者注

对方当作性欲的客体对象。然后是第三个时段，儿童在对抗着这个使他分离并受挫的施动者父亲时，又将其尊为全能的至高无上者，与此同时还把他当成情敌憎恨着，当成石祖的持有者而嫉妒着，即所谓把父亲当作母亲的、所有女人的以及力量的唯一的占有者。这个被尊重、被憎恨以及被嫉羡的父亲即为想象的父亲。他才是孩子徒然地向其索要石祖的人。当然父亲拒绝了，这次拒绝立即使儿子与父亲同一化，然后综合了这三个父亲形象——符号性的、实存性的以及想象性的。因为孩子无法拥有这个客体，于是便将自己与该客体的持有者同一化。

总之，俄狄浦斯期的孩子经历了三个父亲式角色的相遇。首先，父亲是他出生的这个社会的律法管理员；接着，父亲也是让这个律法被遵守的宪兵；最后，父亲仍然是宪兵，但这一次，父亲是作为权威被畏惧，作为力量被争论以及作为全能力量的持有者被嫉妒。如果这是一场俄狄浦斯式的木偶剧，那么在第一个时段中，这个肆无忌惮的小男孩，试图迷惑他的母亲，对母亲窃窃私语道："抱紧我吧，没人看见我们。"而到第二幕时，我们看到突然间，宪兵木偶从盒子中跳出来并叫喊着："你们两个在这里干什么！立即停止！"最后在第三个时段中，男孩既尴尬又钦佩，恭恭敬敬地请求命令的下达者，能否把权杖借给他，这样他就可以有朝一日一样强大。面对要求被拒绝，小家伙屈从了，将权威的形象纳入自己，并把自己一分为二，时而是反抗者，时而是镇压反抗的宪兵。此后，这个剧场中的两个角色：一个违抗，另一个制裁，由此将支配他的一切情感生活，这些关键的行为及处境勾勒出了主体的存在。简而言之，度过俄狄浦斯情结可以被解读为：孩子与父亲的三个形象的相遇——符号性的、实存性的以及想象性的；一个父亲代表着**律法**，另一个使他尊敬并恪守律法，以及最后一个，与**力量**的持有者争执并嫉妒他。这就是被内摄的三个父亲的形象，共同构成了男孩的超我。

在俄狄浦斯情结中的三类缺失：阉割、剥夺以及挫折*。拉康的三段式解读

乱伦的欲望	石祖：珍贵的客体	缺失的类型	实施缺失的人（施动者）	缺失这个过去经历
俄狄浦斯期男孩的欲望是**占有**母亲	我害怕失去……一个我认为自己拥有的客体：**想象中的石祖**	缺失是一个念头：**阉割**是符号性的	阉割的施动者是**父亲**，他作**为禁止者**、**引诱者和情敌**	对于失去我的**石祖—阴茎**、我的**石祖—男性特征**或我的**石祖—力量**而来的**焦虑**
前俄狄浦斯期女孩的欲望是**占有**母亲	我已失去了……一个我认为自己曾经拥有的客体：**符号性的石祖**	缺失是一个事实：**剥夺**是实存的	实施剥夺的人是母亲，她是衰弱有缺陷的	剥夺带来的痛苦

---

* 阉割、剥夺、挫折：分别对应的原词是 castration, privation, frustration，其中"挫折"也翻译为"阻却"，对应英译的弗洛伊德文献中 versagung 一词的翻译。拉康首先将"阻却"归类为欠缺对象的三种类型之一。具体请参阅台湾版《拉冈精神分析辞汇》第114页。——译者注

续图

乱伦的欲望	石祖：珍贵的客体	缺失的类型	实施缺失的人（施动者）	缺失这个过去经历
俄狄浦斯期女孩的欲望是**被父亲占有**	我希望作为……我父亲的珍贵客体：**实存的石祖**	缺失是一个失望：挫折是想象的	实施挫折的人是**父亲**，他拒绝把女儿当成石祖	女孩并不甘心，她为变成女人和母亲而**努力**

图 7　俄狄浦斯情结中的三种类型的缺失：阉割、剥夺和挫折。拉康式三阶段解读

俄狄浦斯情结中三种类型缺失的注解表

　　阉割是一个念头；剥夺是一个事实；挫折是一个被拒绝的要求。对于男孩，阉割是一个令人焦虑的念头，一个会失去自己重要东西的念头；然而对于女孩，剥夺是一个痛苦的确认，确认了她缺少自己从前认为拥有的重要部分。而挫折对于女孩而言，是在父亲拒绝将她当成石祖后出现的失望与幻灭。失落的她，仍然为了得到对于女人一生中都非常重要的两个石祖而努力，那就是爱情以及与自己爱的男人共同养育的孩子。

男性与女性状况对比图表

在俄狄浦斯期的经历中,儿童第一次感受到在其未来性认同基础上的欲望体验:男性的占有欲,以及女性的被占有欲。下图为男性与女性状况的对比表。但是,无论男女,都有可能以不同方式拥有这两种欲望状态。有一些女人拥有雄性类型的欲望,而有一些男人拥有雌性类型的欲望。所谓"雄性"和"雌性"这些词描述的是占支配地位的心理状态;正因为这独特之处无穷无尽,所以我们不可能从精神分析的角度下定义并描绘出男人和女人——不过这样也不错。

范畴	男性状态	女性状态
俄狄浦斯式欲望	占有欲	被占有欲

续图

范畴	男性状态	女性状态
性欲	• 男人在性方面是亢进而主动的,他为自己的性器官而骄傲,并渴望能给女人带来享乐。 • 在**离心**趋向下,男人想要保护、把控并**穿插**他爱的女人。 • 男人能够爱一个女人,并在不放弃这份爱情的情况下,又渴望另一个女人。爱情和性是分离的。	• 与男人不同,女人对于性关系的**质量**特别敏感。 • 在**向心**趋向下,女人想要被保护,被把控并**得到**所爱男人的性器官。自愿对于女人来说不代表被动或是屈从。 • 对于激发性欲的敏感度,女人比男人更加丰富多样,而男性则都在极化他的阴茎。 • 女人会更全身心地投入去爱让她得到性满足的男人。爱情和性是不可分割的。
面对爱侣的行为举止	• 相对于被爱,男人更喜欢去爱。 • 他会理想化所爱的女人,并会让着她。恋爱中的男人都很谦恭。	• 女人更喜欢男人爱她多过她爱男人。她永远都需要进行确认来让自己放心。
自爱欲(自恋,纳西索斯情结)	• 因做事优秀而自恋,而非因长得帅而自恋。对于一个男人而言,强大远比长得帅更加重要。	• 自恋在于自我感觉漂亮而非显示出漂亮。对于一个女人,让自己不可或缺远比强大更为重要。她希望自己是唯一的。
强大/无能*	• 选择强大还是弱小对于一个男人至关重要。	• 强大还是弱小,这不是她的问题;对于一个女人至关重要的是被爱并且不被抛弃。

---

* 这里的"无能"还有"阳痿"的意思。——译者注

续图

范畴	男性状态	女性状态
决心和勇气	• 男人的本质是个懦夫，然后才是投身行动，评估风险，在行动面前犹豫又退缩。	• 一旦决定投入其中，女人会证明她的勇气以及坚定不移的决心。
社会态度	• 男人倾向于表现他的能力。	• 女人更喜欢忽视她的能力而关照她的内在感受。
意志	• 在行动中表现出强烈的意愿、深谋远虑以及坚持不懈。	• 为了征服爱情和保护孩子而很顽强。
为什么男性和女性的状态不相同？	• 男人被赋予了一个可拆卸的延伸部分，即阴茎，它象征着所有他害怕失去的东西：能力和男性特征。失去力量的恐惧根深蒂固地驻扎在男人的精神世界，对他而言，所有行为都有风险，所有失败都是耻辱。 • 对于男人，最极度的危险就是复仇心切的女人和被仰慕的父亲。	• 在女人的想象中，她并不拥有延伸部分，不曾摆弄过它也不需要捍卫它，但是，她要保护的是一个无形的客体对象，是她最珍贵的宝藏：爱与被爱。除了爱，她什么都可以失去。但是，对她而言爱是持久的征服，是要反复攻克才能不断赢取的财富。因此，她没有什么需保卫的成果。所有的行为与事件，即使是和她性命攸关，虽然也确实让她害怕，但她会比男人更加自信地去着手。她知道男人忘记了：归根结底获得是不存在的。

图 8　男性和女性状况的对比表

第六篇

西格蒙德·弗洛伊德与雅克·拉康关于俄狄浦斯情结著作的摘要及注解

弗洛伊德

俄狄浦斯情结的普遍性

> 所有的孩子，无论他生活在怎样的一个家庭环境中——是普通家庭、单亲家庭、重组家庭，还是同性恋家庭，或者任何一种情况的小孩——普通孩子、弃儿、孤儿、社会领养儿……他们均无一例外！他们无一能逃脱或避免俄狄浦斯情结。为什么？因为所有约4岁的小孩，无论男女，都无法逃避色情妄想的冲动洪流涌现在他们身上。而且，他们周围最亲密的人均不可避免地成为了这些冲动的靶子，亦不可避免地对其加以阻止*。

"所有的孩子能够适应生活这样的情况，都是其对父母的长期依赖及共同生活的必然结果，我想说的是俄狄浦斯情结，之所以这样命名是因为其核心内容与希腊神话中俄狄浦斯王的故事相同。（……）在不知情的情况下（……）希腊英雄弑父娶母（……）[1]。"

弗洛伊德

---

* 在弗洛伊德及拉康著作摘要前后，方框内的文本来自本书作者胡安 - 大卫·纳索教授（J.-D.N）的批注。

"在这里,男孩需绘制并完成一幅物种系统发育图,尽管他的个人生活经历可能与所说的这个图并不相符。[2]"

弗洛伊德

"[那些]儿童与生俱来的物种系统发育图(……)是人类文明历史的沉淀痕迹。俄狄浦斯情结(……)是其中之一。[3]"

弗洛伊德

"(……)她处于俄狄浦斯情结的操控之下,甚至不知道这个具有普遍性的幻想的存在,在她的例子中,幻想变成了现实。[4]"

弗洛伊德

俄狄浦斯情结的发现

> 这始于童年关于性特征的回忆,患者于成年后表现出来,我们据此推断了俄狄浦斯情结的存在。别忘了,这个回忆总是一个对过往事件非常主观的重新解释。

"对于儿童性欲【俄狄浦斯情结】的这个惊人发现最初是通过对成人的分析而获取的(……)[5]。"

弗洛伊德

"在这些幻想【由成人病患回忆展示的】的背后,可能出现的质料因*导致对性功能的发展给出描述【童年的力比多性欲期】⁶。"

弗洛伊德

成年患者认为他们童年的过去经历存在诱惑场景，弗洛伊德对这些做了记录，由此发现了俄狄浦斯情结

> 俄狄浦斯情结不是一个可以观察的现实，而是儿童因其乱伦欲望的压力而铸造的一个性幻想。这个幻想的内容通常都是一个成人对其使用了性引诱的情景。我们也注意到，俄狄浦斯情结的幻想虽然是童年形成的，但总是活跃在成年神经症患者的脑海里，通过分析家可以在治疗过程中对其进行重建。这个"自发而直接"的重建，是因为分析家／患者之间的关系仿制了俄狄浦斯情式关系的行为。

"（……）我尴尬地面对的这些诱惑的场景从来都没有真正发生过，它仅仅只是由我的患者们虚构出来的幻想罢了⁷。"

弗洛伊德

> 认为自己曾被父亲性引诱的回忆是体现俄狄浦斯情结各种形式中的其中一种。被诱惑的幻想也仅是俄狄浦斯式幻想的一种变形。父母中一方（通常是父亲）的一个太温柔的姿态都足以让儿童虚构出一个含有模糊的性引诱姿态的记忆。

---

* 质料因：来自亚里士多德的《形而上学》的四因说，指在事物产生的形式下，在事物内部始终存在的那个东西。——译者注

"面对我的病患们所虚构的（……）诱惑场景（……），我第一次发现自己在与俄狄浦斯情结做对照（……）[8]。"

弗洛伊德

乱伦之欲是人类所有欲望的根源

> 乱伦之欲不仅是不可实现的，对于一个4岁的孩子更是难以理解的。然而，就是这个神秘的欲望，里里外外都围绕着生殖的特点，我们分析家猜测这是所有人类欲望及幻想的根源。

"和母亲生一个孩子的欲望在男孩中并不少见，为父亲生育一个孩子的欲望在女孩中也是确实存在的，并且，他们完全无法拥有一个清晰的念头来引导他们实现这样的欲望[9]。"

弗洛伊德

乱伦之欲可以在幻想中得到部分满足

> "被父亲打"这样的幻想可以部分满足男孩被父亲在性方面占有的乱伦之欲。身体生理上的疼痛变成了性快感。这里我们注意到，在儿童期或青春期突如其来的重大而剧烈的身体创伤，可以导致一个男人，在对于他的男性或女性伙伴，对他进行掌控和贬低时，处于被动的性欲状态（受虐狂）。

"所以，男孩被打的幻想是（……）一个被动的幻想，确实来自于对待父亲时的女性姿态[10]。"

弗洛伊德

男孩和女孩的俄狄浦斯情结

> 男孩放弃了母亲是因为他害怕，而女孩抛弃了令她失望的母亲，转向了父亲。

"在男孩的俄狄浦斯情结中，他觊觎母亲并想要除掉作为情敌的父亲，这个情结的自然发展始于石祖期的性欲阶段。但是，阉割的威胁强迫他放弃这个状态。在失去阴茎的危险感受下，最常见的情况就是俄狄浦斯情结被放弃、被压抑，被彻底地摧毁，并且严苛的超我作为继承人被建立。

对于女孩，则几乎完全相反。阉割情结为俄狄浦斯情结做了准备，代替了将其摧毁；在嫉妒羡慕阴茎的影响下，小女孩将与母亲的连结排除在外并急切地破门而入——闯入俄狄浦斯状态[11]。"

弗洛伊德

女孩俄狄浦斯期的三个阶段

> 我们认为，女性俄狄浦斯期划分为三个阶段。第一是前俄狄浦斯阶段，该期间女孩处于男性姿态，欲求母亲作为一个性欲客体；第二是我称为"剥夺的痛苦"阶段，这个阶段中女孩是孤单的，她感受到折磨并且嫉妒着男孩；最后第三个阶段，是俄狄浦斯期这个本身，此时女孩处于欲求"被父亲拥有"的女性欲望状态。

"女人的性生活可以分成两个阶段，第一个阶段有着男性特点，而第二个阶段则是特异的女性化[12]。"

弗洛伊德

> 在弗洛伊德提出的两个阶段之间，我插入了一个中间阶段，此时女孩孤单并受着折磨，采取对抗式的男性姿态。

超我就是我们精神上的父亲

> 我们的超我可以根据俄狄浦斯情结带来的剧烈冲击的速度，而变得非常严厉或者非常柔和。

"超我将保留父亲的特征。曾经的俄狄浦斯情结越强烈，随之而来的压抑就越迅速（……），将来超我的控制也就越严苛，在自我之上犹如道德的意识，甚至如同无意识的负罪感[13]。"

弗洛伊德

神经症，就是俄狄浦斯情结在成年后的再次激活

> 俄狄浦斯情结是神经症的病因，因为那些俄狄浦斯幻想在儿童期被不良压抑，在成年后又重新以神经症症状的形式表现出来。换句话说，一个成年人的神经症可以被解释为来自儿童期性快感的强烈体验和来自对其不稳定或强暴地压抑。

"这就是为什么婴幼儿的性欲顺从了压抑后，成为了形成症状的首要驱动力，这同样也是为什么是俄狄浦斯情结构成了神经症内容物必需的基础部分——这个情结犹如神经症细胞的细胞核[14]。"

弗洛伊德

"我们认为，俄狄浦斯情结是神经症的真正核心，婴幼儿的性欲在其身上发挥到极致，就是神经症的实在条件，并且这种在无意识之中保留下来的情结，造就了其成年后具有突然患上神经症疾病的倾向[15]。"

弗洛伊德

"我领会到,歇斯底里的症状都是【俄狄浦斯期的】幻想派生出来的,而非真实发生的事件[16]。"

弗洛伊德

*
* *

拉康

俄狄浦斯情结是一个家庭的理论

> 俄狄浦斯理论是一个家庭的理论,尤其是那些关于父亲的印象出现社会性退化的家庭。正是这父亲角色的退化从根源上导致了神经症。

"可以发现(……)性压抑及精神上的性别服从调控并被家庭这个精神上的戏剧所造成的突发事变所控制,为家族群体的人类学研究提供了最珍贵的贡献。(……)同时,弗洛伊德当年也很快归纳了他的家庭理论。其理论基础是建立在俄狄浦斯情结关系中的两个性别之间处境的(……)不对称上[17]。"

拉康

"我们不是那些因家庭的联系出现所谓的松动而悲伤的人。(……)但是绝大部分的心理效应似乎给我们指出了关于父亲的印象的衰退。(……)这衰退造就了心理上的危机。也许正是因为这个危机,才产生出精神分析这门学问,令它自己现形。天才偶然的灵光一闪,不仅仅解释了那时在维也纳(……)一个犹太父权制下的儿子想象出了俄狄浦斯情结。无论如何,这都是 19 世纪末支配神经症的形式类别，并启示出，这与其家庭情况密切相关[18]。"

拉康

石祖期*

> 在石祖期，儿童在性方面欲求父母中的一个却没有实施，注意，没有任何性行为。在孩子身上发展出一个拥有全能力量石祖的幻想，取代了不存在的生殖欲。

"在潜伏期之前，婴幼儿主体无论男女，都进入了石祖期，这也指出了生殖实现的这一点。一切皆为此，直至懂得选择客体。然而，有些东西还没到时候，还不知道如何充分实现生殖功能。（……）因此，还保留一个幻想的元素，这个本质上的想象，既石祖的泛化，借助于他们所拥有的来区分这个世界上存在的两类人——一种有石祖而另一种没有，也就是所谓的被阉割了[19]。"

拉康

---

* 石祖期：stade phallique，国内也翻译为生殖器期，阳具期等。如：弗洛伊德将婴幼儿发展划分为口欲期、肛欲期、生殖器期。——译者注

母亲的全能力量

> 拉康反对孩子被一种全能力量的感觉所驾驭的观点。只有母亲才可以是全能的,因为孩子是这样假设的。只有大他者才是全能的,孩子所经历的第一次阉割是令人焦虑的记录,其母亲与其同样的脆弱。

"孩子有全能力量的观念(……)是错误的。不仅是在其成长过程中没有任何迹象能够表明,而且(……)他自命的全能力量与这些失败,都不是他在这个问题中遇到的。他考虑(……)这都是无能为力、失望、幻灭,这都触及母亲的全能力量[20]。"

拉康

父亲是一个暗喻

> 拉康认为,无论是在男性或是女性的俄狄浦斯情结中,父亲都是俄狄浦斯式悲剧的主角。

"如果没有父亲,就不存在俄狄浦斯情结的问题,反过来,说俄狄浦斯情结,就是对父亲的基本功能的介绍[21]。"

拉康

> 在俄狄浦斯情结中，父亲的身份是一个暗喻：它是一个能指*，产生于代替另一个能指的位置。"父亲"这个能指出自于代替"母亲的欲求"这个能指的位置。父亲就意味了母亲的欲望。换句话说，对于孩子，父亲也是一个男人，一个母亲欲求的男人。

"父亲是什么？我不是要讲家里的爸爸。（……）一切问题都是要知道其在俄狄浦斯情结中是什么。（……）这就是说——父亲是一个暗喻。（……）父亲是一个能指替换了另一个能指。这就是动力，最基本的动力，也是在俄狄浦斯情结中父亲介入的唯一动力。（……）父亲在俄狄浦斯情结中的功能就是一个替代的能指，取代在象征性符号中引入的第一个能指，即母系的能指。（……）根据暗喻（……）的格式，父亲产生于代替母亲的位置[22]。"

拉康

---

* 能指：*signifiant*，语言学概念，与"所指"相对，是说能够指代某事物的词的含义。台湾学者也翻译为"表记"，拉康认为语言不是符号系统而是能指系统，能指是语言的基本单位。——译者注

三段式想象，符号四重奏

> 对于拉康，"母亲—孩子—石祖"这个三角形是前俄狄浦斯期的三段式想象。俄狄浦斯情结只会伴随着第四个元素的引入而出现，即父亲。三段式想象变成了符号的四重奏。彼此的过渡是在失望中进行的：孩子因为知道了他不是母亲的石祖而感到失望。他发现母亲欲求的客体对象在父亲那里而不是在自己这里。突然，儿童转向了石祖的持有者——父亲。

"前三个客体【母亲—儿童—石祖】的辩证，以及第四个术语包括了一切并且在符号关系中将这些连接，也就是父亲。这个术语引入了符号关系[23]。"

拉康

"想象的母亲—儿童—石祖这个三段式，作为演奏符号关系的前奏——随后产生第四个功能，即父亲，从而被引入俄狄浦斯的维度。三角形本身即前俄狄浦斯期。（……）四重奏（……）是在父亲的功能介入之后构建起来的，自从（……）儿童彻底失望后就开始了。"他不仅认识到（……）自己不是母亲的唯一客体对象，而且母亲的兴趣（……）是石祖。从这个新的认识起，他已经开始领会。其次，母亲恰好也被剥夺，她自己也失去了这个客体[24]。

拉康

拉康和礼物的象征符号

> 拉康强调了礼物的象征符号，礼物要么意味着对他者请愿客体对象，要么意味着给予他者客体对象。当女孩向父亲索取石祖时，她就进入了俄狄浦斯期，当男孩为了保存阴茎——而愿意放弃他非常在意的客体，即母亲时——他就走出了俄狄浦斯期；男孩放弃把母亲当作欲望客体。

"女性儿童，因为其没有石祖而被引入礼物的象征符号。正如（……）她围绕着有没有石祖这样的问题而进入俄狄浦斯情结。男孩（……）并非这样进入，而是这样走出了俄狄浦斯情结。在俄狄浦斯情结的最后（……）他需要将自己拥有的作为礼物捐献出去[25]。"

拉康

阉割和剥夺

> 阉割是一个想法，而剥夺则是既定事实。在看着女孩赤裸的身体时，男孩自言自语道："她被阉割了"；女孩，通过自我观察道："我已经被剥夺了。"对于男孩，阉割是一个令其焦虑的想法，这个想法就是他可能会失去重要的部分；而对于女孩，剥夺是一次痛苦的确认，确认了自己以前相信拥有的重要部分现在已经失去。

"剥夺（……）特指女人没有阴茎、曾被剥夺的事实。这样，就使得这个假定的既定事实，在弗洛伊德为我们展示的案例中，几乎所有的案例发展都因此有着确定的影响后果。（……）阉割（……）充当了感知恐惧的基础，这是在女人身上阴茎'不在场'的实存。（……）【作为女性生命体】在主体的主观性中都是被阉割的。在现实中、在实存中，作为实存经历被援引时，她们是被剥夺的。

"剥夺的同等概念，（……）意味在实存中客体的符号化。（……）表示某些东西不在此，是假设其可能'在场'，也就是说，在实存中引入了（……）简单的符号界。

"阉割，根据它的有效性、可靠性，成为神经症的成因之一，它依托一个想象中的客体（……）来支撑。任何阉割（……）都绝对不是实存的阉割[26]。"

拉康

超我，俄狄浦斯之果

> 超我，是俄狄浦斯情结的继承者，是在支配婴幼儿的无意识中，一个被内摄的律法形象，它像个内部的主宰者，决策着那些日常存在的决定性选择。

"俄狄浦斯情结的结束其实是创立律法的关联词，从而俄狄浦斯情结被持久地压抑在无意识中。（……）律法（……）以实存为基础，以俄狄浦斯情结留下的果核的形式而存在，（……）

我们知道，这个【果核】以最多样、最不规则、最古怪的形式体现在了每个主体身上，它被称为超我[27]。"

拉康

俄狄浦斯情结，一个自我的理想形象

> 拉康认为，俄狄浦斯情结是一个标准的路径，自我理想的可能形象之一。理想的自我就是男孩和女孩注定要成为的男性或女性类型。

"在俄狄浦斯情结中，假定主体本来的性别，也就是说，为了用某些'名'来称呼某些'物'，这样做就用男人来担任雄性的类型，而女人当然就担任雌性的类型。(……)雄性特征和女性化，这两个术语从本质上表达了俄狄浦斯情结的功能。在这里，我们发现在俄狄浦斯情结层面，直接关联着理想自我的功能[28]。"

拉康

"主体在俄狄浦斯情结期之后还不足以成为异性恋，作为主体的男孩与女孩，都应该通过某种方式，正确地定位父亲的功能。这就是有关俄狄浦斯情结的所有问题的中心[29]。"

拉康

阉割从父亲到儿子的传递

> 除了痛苦地观察到我们的身体和欲望都是有限的,那么什么是被阉割?我曾拥有的父亲、我自己作为父亲以及继承我的儿子,每个人都必须承受自己的阉割情结。

"阉割冲击了儿子,是否也因此找到了通往父亲功能的正确之路呢?(……)这不正表明,从父亲到儿子传递了阉割吗?[30]"

拉康

多尔多和乱伦禁忌

> 多尔多要求父母自觉地接受阉割情结,这个阉割情结是不把孩子当成自己的延续。

"父母们希望能够持续地从精神上、影响上去支配并看护他们的孩子,同时希望他们能够继承自己思想中的经验果实。乱伦禁忌就是个骗局,因为它其实通过父母给孩子灌输的一切信息,让孩子分离:'离开你的爸爸和妈妈',这并不是说,他要重新寻回另一种方式的继承,他分娩出的经验不是来自父母,而是来自他自己,来自生命中的其他人。当然前提是,这不是强制的,也不是受一个爱情联盟的洪流冲击[31]。"

多尔多*

---

* 弗朗索瓦兹·多尔多:法国著名儿童精神分析家,儿科医生,儿童教育家。曾与拉康共事。其作品主要是围绕儿童的精神分析临床工作以及理论。——译者注

参考文献

S.Freud

1. *Abrégé de psychanalyse*, © *PUF, 14ᵉ éd. 1997, p.58.*
2. *«À partir de l'histoire d'une névrose infantile», in Œuvres complètes de Freud, vol. XIII,* © *PUF, 3ᵉ éd. 2005, p. 84.*
3. *Cinq psychanalyses,* © *PUF, 23ᵉ éd. 1999, p. 418.*
4. *«Quelques types de caractère», in L'Inquiétante Étrangeté et autres essais,* © *Gallimard, 1985, p. 166.*
5. *Ma vie et la psychanalyse,* © *Gallimard, 1949, p. 65.*
6. *«Psychanalyse» et «Théorie de la libido», in Résultats, idées, problèmes II,* © *PUF, 6ᵉ éd. 1998, p. 62.*
7. *Freud présenté par lui-même,* © *Gallimard, 1984, p. 57.*
8. *Ibid., p. 58.*
9. *«Un enfant est battu», in Névrose, psychose et perversion,* © *PUF, 12ᵉ éd. 1997, p. 227.*
10. *Ibid., p. 238.*
11. *«La féminité», in Nouvelles conférences d'introduction à la psychanalyse,* © *Gallimard, 1984, p. 173.*
12. *«Sur la sexualité féminine», in La vie sexuelle,* © *PUF, 13ᵉ éd. 1997, p. 142.*

13. *Essais de psychanalyse*, Payot, 1981, p. 203-204.

14. «*Un enfant est battu*», in *Névrose, psychose et perversion*, op. cit., p. 243.

15. *Ibid.*, p. 233.

16. «*La féminité*», in *Nouvelles conférences d'introduction à la psychanalyse*, op. cit., p. 161.

J.Lacan

17. «*Les complexes familiaux dans la formation de l'individu*», in *Autre Écrits*, coll. «*Le Champ Freudien*», © Éditions du seuil, 2001, p. 47.

18. *Ibid.*, p. 61.

19. *Le Séminaire, Livre IV, La Relation d'objet (1956—1957) (texte établi par Jacques-Alain Miller)*, coll. «*Le Champ Freudien*», © Éditions du seuil, 1994, p. 110.

20. *Ibid.*, p. 69.

21. *Le Séminaire, Livre V, Les Formation de l'inconscient (1957—1958)(texte établi par Jacques-Alain Miller)*, coll. «*Le Champ Freudien*», © Éditions du seuil, 1998, p. 166.

22. *Ibid.*, p. 174-175.

23. *Le Séminaire, Livre IV, La Relation d'objet*, op. cit., p.84.

24. *Ibid.*, p. 81-82.

25. *Ibid.*, p. 123.

26. *Ibid.*, p. 218-219.

27. *Ibid.*, p. 211.

28. *Le Séminaire, Livre V, Les Formation de l'inconscient, op. cit., p.166.*

29. *Le Séminaire, Livre IV, La Relation d'objet, op. cit., p.211.*

30. *Le Séminaire, Livre XVII, L'Envie de la psychanalyse, (1969—1970)(texte établi par Jacques-Alain Miller), coll. «Le Champ Freudien»,* © *Éditions du seuil, 1991, p. 141.*

31. *Dolto, F., revue Approches, n° 40, 1980.*

参考书目

S. Freud

La Naissance de la psychanalyse, PUF 1979, p. 198.

«*L'hérédité et l'étiologie des névroses*», in *Névrose, psychose et perversion*, PUF, 12e éd. 1997, p.55-59.

«*Nouvelles remarques sur les psychoses de défense*», *Ibid.*, p.66-67.

«*L'étiologie de l'hystérie*», *Ibid.*, p. 103-105.

«*Analyse d'une phobie chez un petit garçon de cinq ans*» *(Le petit Hans)*, in *Cinq psychanalyses*, PUF, 23e éd. 1999, p. 172, 194-199.

«*Remarques sur un cas de névrose obsessionnelle*» *(L'homme aux rats)*, *Ibid.*, p. 234-235.

«*Les explications sexuelles données aux enfants*», in *La Vie sexuelle*, PUF, 13e éd.1997, p.9-12.

«*Les théories sexuelles infantiles*», *Ibid.*, p. 14-27.

Cinq leçons sur la psychanalyse, Payot, coll. «Petite Bibliothèque Payot», 1966, p.54-57.

«*Un type particulier de choix d'objet chez l'homme*», in *La Vie sexuelle*, op. cit., p. 51-55.

«*Sur le plus général des rabaissements de la vie amoureuse*», *Ibid.*, p.57, 64.

Totem et Tabou, Payot, coll. «*Petit Bibliothèque Payot*», 1965, p. 192-199, 214-217, 234.

«*Extrait de l'histoire d'une névrose infantile*» *(L'homme aux loups)*, in *Cinq psychanalyses*, op. cit., p. 390-391, 418.

«*Le tabou de la virginité*», in *La vie sexuelle*, op. cit., p. 75-78.

«*Un enfant est battu*», in *Névrose, psychose et perversion*, op. cit., p. 228-229, 242-243.

«*Psychologie de masse et analyse du moi*», in *Essais de psychanalyse*, Payot, coll. «*Petit Bibliothèque Payot*», 1981, p. 167-174.

«*Le moi et le ça*», *Ibid.*, p. 240-252, 262-275.

«*L'organisation génitale infantile*», in *La Vie sexuelle*, op. cit., p. 75-78.

«*La disparition du complexe d'Œdipe*», *Ibid.*, p117-122.

«*Le problème économique du masochisme*», in *Névrose, psychose et perversion*, op. cit., p. 292-297.

«*Quelques conséquences psychologiques de la différence anatomique entre les sexes*», in *La Vie sexuelle*, op. cit., p. 123-132.

«*Auto-présentation*», in *Sigmund Freud présenté par lui-même*, Gallimard, 1984, p. 57-58.

Inhibition, symptôme et angoisse, PUF, 1971, p. 19-29.

«*Dostoïevski et le parricide*», in *Résultats, idées, problèmes II*, PUF, 6e éd. 1998, p. 173-175.

Le Président Wilson, Payot, 1990, p. 77, 79-80, 88-89, 116.

Malaise dans la civilisation, PUF, 1989, p.91.

«Sur la sexualité féminine», in La Vie sexuelle, op. cit., p. 139-153.

J. Lacan

«Les complexes familiaux dans la formation de l'individu», in Autre écrits, Seuil, 2001, p. 23-84.

Le Séminaire, Livre III, Les Psychoses, Seuil, 1981, p. 191-193, 197-201.

Le Séminaire, Livre IV, La Relation d'objet, Seuil, 1994, p. 42-58, 59-75, 81-92, 108-110, 139-144, 190-195, 221-245, 269-284.

Le Séminaire, Livre V, Les Formations de l'inconscient, Seuil, 1988, p. 161-212.

«Le mythe individuel du névrosé», in Ornicar?, 1979, n° 17/18, p. 289-307.

Le Séminaire, Livre VII, L'Éthique de la psychanalyse, Seuil, 1986, p. 323-333, 351-358.

Le Séminaire, Livre XVII, L'Envers de la psychanalyse, Seuil, 1991, p. 126-151.

Écrits, Seuil, 1966, p.178-188, 249-250, 277-278, 361-362, 460-461, 554-556, 602, 685-695, 823-825.

ABRAHAM, K., Œuvres complète, tome I et II, Payot, 1965.

DELEUZE, G., et GUATTARI, F., L'Anti-Œdipe, Éditions de

Minuit, 1971.

DOLTO, F., *L'Évangile au risque de la psychanalyse*, tome II, Seuil, 1977, p. 71-76.

—, *L'Image inconsciente du corps*, Seuil, 1984, p. 186-199.

—, *Au jeu du désir*, Seuil, 1981, p. 194-244.

GRAVES, R., *Les Mythes grecs*, Fayard, 1967.

HEIMANN, P., «A contribution to the re-evaluation of Œdipus Complex. The early stages», in *International Journal of Psychoanalysis*, 1921.

JONES, E., *Théorie et pratique de la psychanalyse*, Désir/Payot, 1997.

KLEIN, M., «Les stades précoces du conflit œdipien», «Le complexe d'Œdipe éclairé par les angoisses précoces», in *Essais de psychanalyse*, Payot, 1968.

LAMPL DE GROOT, J., «Re-evaluation of the role of the Œdipus Complex», in *International Journal of Psychoanalysis*, 1952. «The preœdipal phase in the development of the lame child», in *International Journal of Psychoanalysis*, 1946. «The evolution of Œdipus Complex in women», in *International Journal of Psychoanalysis*, 1928.

LAPLANCHE, J., et PONTALIS, J.-B., *Vocabulaire de la psychanalyse*, PUF, 1997, p. 79-84.

MIJOLLA, A. DE, et MIJOLLA MELLOR, S. DE, (sous la direction de), *Psychanalyse*, PUF, 1996, p. 72, 294, 506, 521-522.

MULLAHY, R., *Œdipe, du mythe au complexe*, Payot, 1951.

NASIO, J.-D., «*Le concept de castration*», «*Le concept de Phallus*», et «*Le concept de surmoi*» in *Enseignement de 7 concepts cruciaux de la psychanalyse*, Payot, 2001, p. 17-49, 53-72 et 215-247.

ODIER, C., «*Une névrose sans complexe d'Œdipe?*», in *Revue française de psychanalyse*, 1933.

ORTIGUES, M.C. et ORTIGUES, E., *L'Œdipe africain*, Plon, 1966.

ROSOLATO, G., «*Du père*», in *Études sur le symbolique*, Gallimard, 1970.

ROUDINESCO, E. et PLON, M., *Dictionnaire de la psychanalyse*, Fayard, 1997, p. 743-747.

RUFO, M., *Œdipe toi-même! Consultation d'un pédopsychiatre*, Éd. Anne Carrière, 2000

SOPHOCLE, *Œdipe roi*, Les Belles Lettres, 1985.

THIS, B., *Le Père, acte de naissance*, Seuil, 1991.